· 我的数学第一名系列 ·

倒转的世界

[意] 安娜 · 伽拉佐利　著

[意] 伊拉里娅 · 法乔利　绘

王筱青　译

中信出版集团 | 北京

图书在版编目（CIP）数据

倒转的世界 / (意) 安娜·伽拉佐利著 ; (意) 伊拉里娅·法乔利绘 ; 王筱青译. -- 北京 : 中信出版社, 2020.7（2023.4重印）
（我的数学第一名系列）
ISBN 978-7-5217-1788-4

Ⅰ. ①倒… Ⅱ. ①安… ②伊… ③王… Ⅲ. ①数学－儿童读物 Ⅳ. ①O1-49

中国版本图书馆CIP数据核字(2020)第064940号

倒转的世界
（我的数学第一名系列）

著　　者：[意] 安娜 · 伽拉佐利
绘　　者：[意] 伊拉里娅 · 法乔利
译　　者：王筱青
出版发行：中信出版集团股份有限公司
（北京市朝阳区惠新东街甲 4 号富盛大厦 2 座　邮编　100029）
承 印 者：天津海顺印业包装有限公司

开　　本：889mm × 1194mm　1/24　　印　　张：5.33　　字　　数：120千字
版　　次：2020年7月第1版　　印　　次：2023年4月第13次印刷
京权图字：01-2020-0163
书　　号：ISBN 978-7-5217-1788-4
定　　价：165.00元（全5册）

出　　品：中信儿童书店
图书策划：如果童书
策划编辑：安虹　　责任编辑：房阳　　营销编辑：张远
装帧设计：李然　　内文排版：思颖

服务热线：400-600-8099
投稿邮箱：author@citicpub.com

献给古列尔莫

UUHUUL

目录

又是一年

每到学校要放假时，我总是感到很幸福。因为，除了那些大人不让做的，我可以做想做的任何事，就像我弟弟似的：他现在年龄还小，还过着无忧无虑的快乐生活。我可以想什么时候起床就什么时候起床，也可以出去骑自行车，爸爸妈妈同意的话，我还可以邀请朋友到家里来玩。到了八月份去海边度假时，我简直幸福得要上天了！

度假回来后，我有点想念学校，想快点见到我的同学们。我觉得这是一件很幸运的事——等到学校开学时，我就会很开心地去上学啦！还有，今年我进步了不少，不再害怕做作业时出错。如果真的不小心做错了，我会继续努力，争取下次不再犯错。

开学第一天，我们跟老师一起玩了很多小游戏，还做了数学猜谜。这些都是老师从一本书上找来的，我们边念边玩，可开心

了！我们的老师真是聪明，她知道怎么让我们慢慢从快乐的假期生活过渡到严肃的课堂学习，而不是一下子把心收回来。于是，在我们几乎没有察觉的情况下，学校生活就又开始了。

我特别喜欢跟马尔科一起玩一个游戏，因为我掌握了制胜的法宝。游戏的名字叫“看谁先说 10”，是这样玩的：一个小朋友说数字 1 或者 2，另外一个小朋友在这个数字上加上 1 或者 2，然后第一个小朋友再加上 1 或者 2，这样轮流加下去，谁先说 10 谁就赢了。

马尔科先开始说，他说了 1，我加上 2 所以我说了 3，然后他又说了 4，我说了 5，他说了 7，我说了 8，最后他说了 10，于是他赢了。

我们又重新玩了一遍，还是他先开始，因为他刚才赢了。他说 1，我说 2，他说 3，我说 4，他说 6，我说 7，他说 9，于是我赢了，因为这次我说了 10。玩着玩着，我们弄明白了怎么才能赢的诀窍。我们可不想告诉其他人，决定把它当作我们之间的小秘密。

（诀窍是这样的：只要你先说了 7，你就一定能赢。因为接下

来，如果你的小伙伴说了 8，你加 2 就可以得 10；而如果他说了 9，你加 1 同样也能得 10。）

开学第一天，是充满鲜花的灿烂的一天，简直像是一场派对，但是一个学期有好几个月呢……有时候，我真的不想去上学，但老师说，她会让我们一整个学期都很快乐，她说："我向你们保证！"希望真的如此吧。

聪明的高斯

老师在跟我们现在一样大的时候，数学学得不是很好，她因此非常难过和气馁。所以，现在她当了老师，就非常用心地教我们，让我们弄懂数学，不会因为不懂而感到沮丧。她告诉我们，随着她一点一点地进步，最后变得棒极了，她就再也不难过了（这和我的经历简直一模一样）。她一点都不介意我们在课堂上玩数

独或海战游戏，她说这些都是智力游戏，有助于我们学习推理，而推理对我们的头脑有好处。还有，我们都很喜欢听故事，经常让爷爷奶奶或者爸爸妈妈讲（在我家都是在睡觉前讲），所以她也会讲故事给我们听。

下面是她给我们讲的第一个故事，故事的名字叫：一个像你们一样的小朋友。

很久以前，有一个特别聪明的德国小朋友，他跟我们一样在上小学，后来他变得特别有名，甚至让他的老师都惊讶得合不拢嘴。事情是这样的：有一天，老师想安静地整理自己的出勤表，于是给班上的学生留了一道很长的算术题。他说："请计算出从1到100所有数字的总和。"他心想："在他们计算时，我终于可以稍微清净一会儿了。"没想到，几分钟之后，一个名叫弗里德里希的小朋友（他名字的拼写跟我表兄的一样，但发音不同）带着计算结果来到讲台前：5050。老师很快确认这个结果是正确的，他非常想知道弗里德里希是怎么这么快就算出得数的。

1+99

2+98

3+97

4+96

……

48+52

49+51

弗里德里希解释说，他想出了一个特别棒的办法：把所有加起来等于100的数字都凑成对。总共算下来有49对，它们的总和是4900，再加上100和50，所有数字的总和是5050。[①]

老师对他能聪明地找到计算的捷径赞叹不已，认为他可以成为一名伟大的数学家。他想："如果我多教他点东西，他以后就可以凭借他的聪明头脑获得更多发现，还能对别人有所帮助。"这就是为什么弗里德里希（他姓高斯）长大以后创造出了那么多公式，获得了很高声望。

真希望我也能想到一个非常棒的办法，就像弗里德里希的办法一样。

---

①需要指出的是，这里不是广为流传的高斯巧算方法，作者为了便于小读者理解，使用的是凑成整百的算法。更为人们熟知的方法是：1+100，2+99，3+98，4+97，…，49+52，50+51，和等于101的数字总共有50对，因此它们的总和是5050。——编者注

有了弟弟以后，你就必须学会跟他分享东西

弟弟出生之前，所有的东西都是我的。如果奶奶来我家时带了一盒巧克力，我知道不能一下子吃光，不然会肚子疼（就像那次吃了太多榛子巧克力一样），也不用分给任何人，顶多拿几块给爸爸妈妈罢了。可当弟弟出生以后，所有东西我们都要对半分

（但我还是很开心，因为等他长大后我就可以带他一起去打橄榄球了，没准我俩还能像贝尔加马斯科兄弟那样）。

今天，老师正好给我们讲了怎么分蛋糕、糖果或者巧克力。如果把一整块分成若干个大小相等的小块，那么每一小块都是一个“分数”。

住在我家楼上的埃娃对我说过：“你们学分数了吗？挺难的……”所以我早早做好了准备，而且已经全都弄懂了。分数实际上是这样的：

最开始时你的东西是整个儿的，比如一个蛋糕、一块巧克力、一包糖或卡片……然后你要把它分成相等的若干份。比如现在你有一块这样的巧克力：

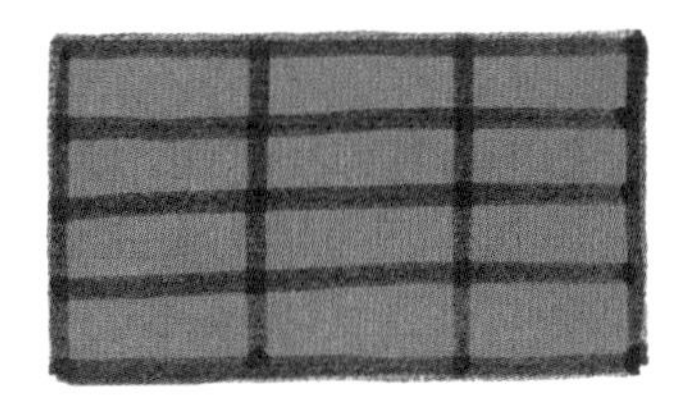

再想象你有两个小伙伴，因为他们前几次对你很大方，而你也要同样大方地对待他们，所以你要把这块巧克力分成相等的3份，就像这样：

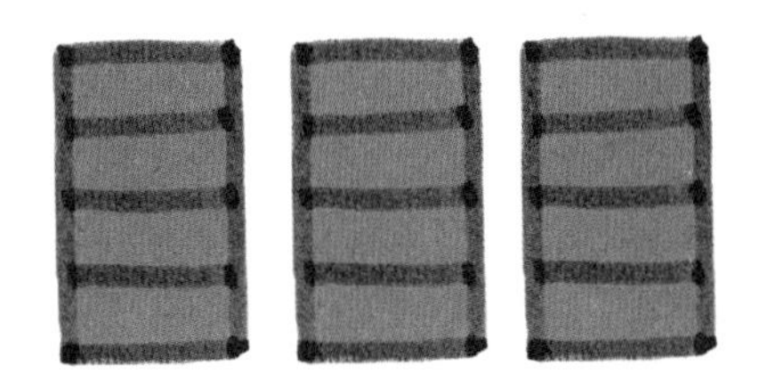

这样你就得到了3个分数！每一个分数都叫作三分之一，因为每一个都是这块巧克力相等的三份中的一份。这很简单。

数学家喜欢用数字代替文字，于是就用数字来代替“三分之一”：

隔开1和3的这道小横线，是用来让你记住：你把巧克力分成了大小相等的3份，然后拿出其中的1份。如果你愿意，可以把它画成一把小刀的样子。

刚开始，我会画一把特别漂亮的小刀（其实我是用手掰巧克力的），现在却不再画了，因为这样能写得更快。

这时候，你的一个小伙伴可能因为消化不良不能吃他的那份巧克力，就给了你。于是，现在你就多了一个三分之一块，变成了三分之二块。

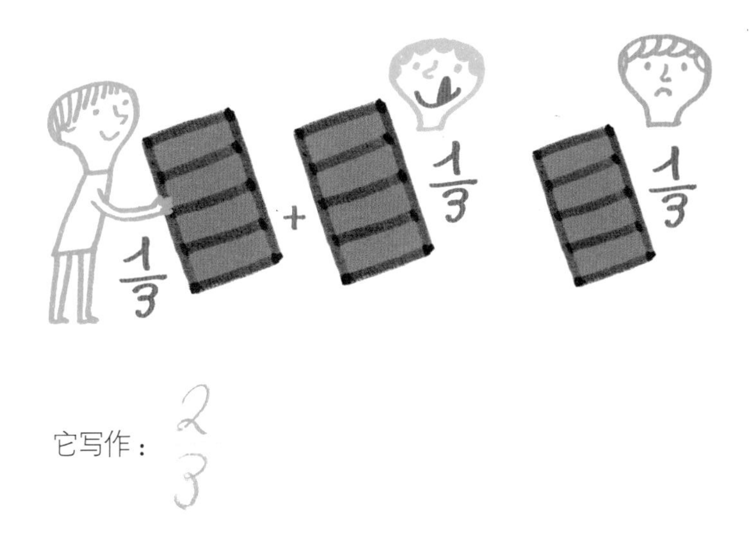

它写作：$\frac{2}{3}$

现在你知道为什么管 3 叫分母了吧，因为它就像一个“管所有事儿的妈妈”，它是几就代表这块巧克力一共被平均分成了几份；而 2 叫作分子，因为它是离开“妈妈”，被你拿到手的数量。

倒转的世界

对我来说，分数的世界是一个倒转的世界! 因为这里发生的一切都跟整数世界相反。就拿数字 5 和 6 来说，你知道 5 比 6 小，这很简单。但是，在分数世界里，发生了我完全没有想到的事，那就是：

$\frac{1}{5}$ 大于 $\frac{1}{6}$！

这太奇怪了! 不过，如果借助分蛋糕来说明这件事，你马上就能明白为什么了。没错，当你把一个蛋糕平均分成 5 块时，每块都比把蛋糕平均分成 6 块时的一块要大。

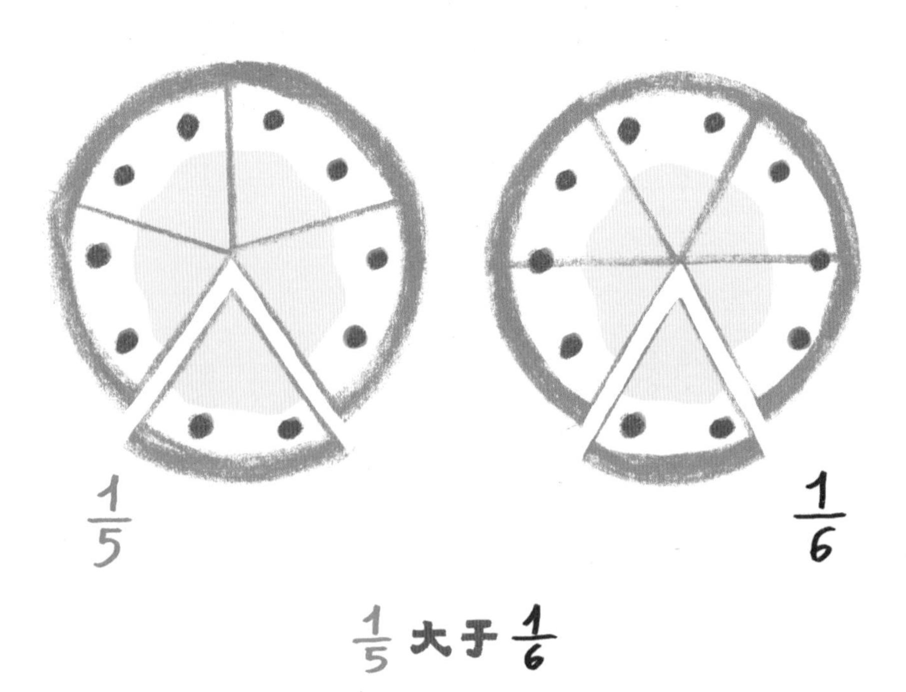

$\frac{1}{5}$ 大于 $\frac{1}{6}$

老师让我们用一个符号表示谁比谁大、谁比谁小，就是左图中这样的，看起来就像鳄鱼张开的大嘴。

小的要写在没开口的那边，而大的要写在开口的那边，比如：

你可以按照你喜欢的方法来理解这个式子，比如：“小老鼠的重量小于大象的重量”，或者“大象的重量大于小老鼠的重量”，反正这两个意思是一样的。不过要说到智商的话，我却并不这样认为，小老鼠的智商可不比大象低，实际上它们聪明极了。

五分钟游戏时间

每次离下课还有五分钟时，老师都会跟我们玩一些游戏或数学猜谜。今天，老师讲课时我们表现得特别好，因为之前早就说好了：大家要很乖很安静，这样就有时间玩游戏了。唯一在一直不停讲话的是马尔科，他特别喜欢贝亚特丽切，和她讲个不停（而我有可能喜欢上了比安卡）。不过后来他还是停下来不说了。

这回我们没有做游戏，而是玩了数学猜谜。谜题是：

一名老师为了检查一个小朋友学得好不好，让他把 5 个数字

相乘。小朋友看了看数字，没有动手做乘法就立即说出了答案。他是如何不计算就得出结果的呢？

大卫说：“也许有人告诉了他。”这不是正确答案。马尔塔说：“也许他是随便猜的，他运气好……”这个答案也不对。

“嗯……”我想，“也许这里有什么诀窍。”老师说肯定是有答案的，而且很简单。她让我们今天下午回家好好思考一下，可我绞尽脑汁也没有想到这个答案是什么（见第 29 页）。

这件事真奇怪

我早就知道有无数个数字。

1 2 3 4 5 6 7 8 9 10 11 12 13 14

因为只要一直加 1 就可以不停地加下去，所以根本没有尽头。（就算你数数时数得嗓子都哑了，另外一个人再接着数，之后再换一个人，再之后再换另外一个人……也是数不到头的。所以，我们就明白了，数字是无穷无尽的。）

令人惊奇的是，分数也有无数个。比如，你可以这么写：

$\frac{1}{2}$ $\frac{1}{3}$ $\frac{1}{4}$ $\frac{1}{5}$ $\frac{1}{6}$ $\frac{1}{7}$ $\frac{1}{8}$ $\frac{1}{9}$ $\frac{1}{10}$

这样也可以不停地分出无数份。想想看，上面两幅图中的数字和分数，有什么不同吗？

它们的不同之处就在于，一个（数字）越往后越大，而一个（分数）却越来越小！反正对我们来说都一样：特别大或特别小的东西，我们都没办法画出来，甚至根本没有办法想象。对我们来说，中间的才正好！

蛋糕真好吃，你想要它的 $\frac{4}{5}$ 还是 $\frac{5}{6}$？

这个问题很难。$\frac{1}{5}$ 确实比 $\frac{1}{6}$ 大，但是如果你拿 4 个 $\frac{1}{5}$，再拿 5 个 $\frac{1}{6}$，你知道怎么比较这两个分数的大小吗？

今年我学得很不错，老师提问的时候总会看向我，于是我就总是非常想知道答案。而今天，我也幸运极了，因为我想起了每次从盘子里夹菜时奶奶说的话。她说："要记得想想别人，看看还剩下多少。"

没错，正是这样。如果你拿 $\frac{4}{5}$，会剩下 $\frac{1}{5}$，而你拿 $\frac{5}{6}$，就会剩下 $\frac{1}{6}$，而 $\frac{1}{6}$ 小于 $\frac{1}{5}$。所以，要想吃更多的蛋糕，就应该拿它的 $\frac{5}{6}$。

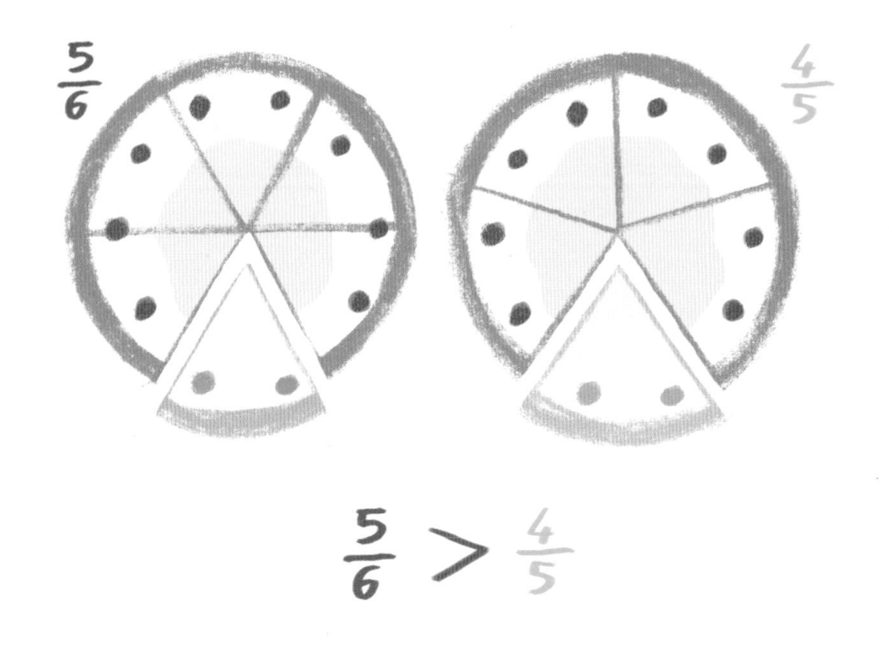
5/6
4/5
5/6 > 4/5

但是，我觉得$\frac{5}{6}$的蛋糕真的太多了!

留给别人的也很少，而且你自己还容易吃多了消化不良。

学校联欢会

整整一个星期，学校里来了很多小丑，教我们怎么化装：戴上五颜六色的假发和樱桃一样的红鼻头，穿上很滑稽的衣服和长长的鞋子。他们还教我们怎么翻跟头，怎么做很多引人发笑的动作。

我还学了个绝招：我假装被绊到了，跌跌撞撞地撞在旁边人的身上，我俩一起来了个倒栽葱，在地上滚作一团。

小丑的课程结束了，每个班级都要准备一个小节目，但只有一个班可以在学校联欢会上表演——要抽签决定哪个班可以参加。我们班非常想被抽中，因为大家编排了很多让人捧腹大笑的滑稽场景，但我们也不确定到底能不能参加。三 A 班说他们会被抽中，因为他们总是特别幸运。不过我觉得抽签前什么都说不准。

所有人都可以很幸运!

考虑到一共有五个班，我们决定做五张小纸条（每个班一张），再把这些纸条放进一个盒子里。一个小朋友会抽出其中的一张，并念出班级的名字（真希望是我们三 E 班）。

我弟弟知道后，就开始哭哭啼啼，因为他也想参加联欢会。我马上跟他说清楚:“只有学生才能来看演出，只有学生！而不是无忧无虑不用上学的小朋友……”

信心就像蛋糕一样

今天，我们做好了表演所需的一切准备，还得知了一件让人开心的事：三 B 班和三 C 班不参加抽签，因为学校联欢会那天他们要去湖边郊游！

大卫说，就算这样也不能肯定一定会抽中我们三 E 班，现在庆祝一点意义都没有。但在我看来，就算不一定能抽中我们，却也比原来容易了。我还这样跟老师说："老师，现在只剩下三个班了，我更加相信我们会被抽中。"

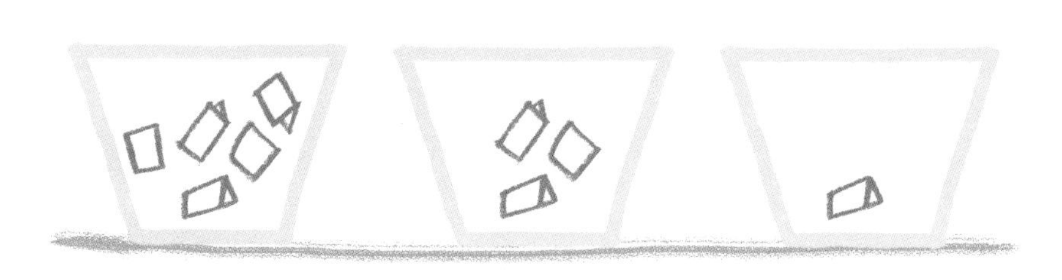

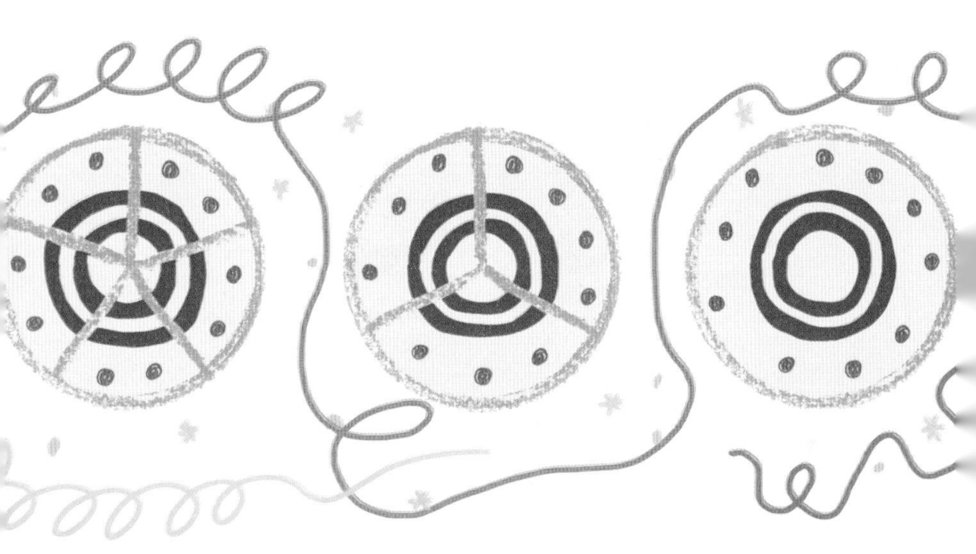

她同意我的看法："很好，说得对，这正是一个有关信心的问题。对一定会发生的事，我们信心满满；而对那些不确定的事，我们的信心会有大有小，但绝对不会是全部的、完整的，而是只有一部分，就像一块或大或小的蛋糕一样。现在一共有三个班，我们班会被抽中的信心是$\frac{1}{3}$，比起有五个班参加抽签时要多；因为要是有五个班，我们的信心就会是$\frac{1}{5}$。"

总之，在我们身边发生的所有事情中，有些事情是非常肯定的，而有些就很不确定了。对那些很肯定的事，我们的信心像一个完整的蛋糕一样大，而对那些不确定的事，对应的信心就只有将蛋糕平均分后的其中一块那么大。你可以把这一块信心叫作概率。

所以，我们被抽中的概率是$\frac{1}{3}$。

我的新自行车

我飞快地成长着。我自己也知道这一点，因为每次奶奶来看我时都这么说。这大概是因为我每天都吃蔬菜和水果，而它们含有对身体有益的维生素。我还能确定的是，我身上的肌肉也越来越结实了，我正在变得越来越强壮。旧的自行车对我来说太小了，爸爸妈妈就给我买了一辆新的（我把贴纸都留在旧自行车上了，等弟弟再长高点就能直接用了）。

新自行车非常漂亮，它的车架很鲜艳，还带有金属光泽。

车子原价是 300 欧元，商店给了我们百分之十的优惠，是这么写的：优惠 10%。我们省了 30 欧元，这点还是我自己想明白的呢！在学校时我就已经知道了。老师教过我们，优惠 10% 的意思是每 100 欧元可以节省 10 欧元。所以 300 欧元可以节省的钱数就是 10 加 10 加 10！

你还可以这样想：优惠 10% 的意思是从 100 欧元里扣掉 10 欧元，扣掉的部分正好是 100 的$\frac{1}{10}$。那么当原价是 300 欧元时，想要得出正确的结果，你就要减去 300 的$\frac{1}{10}$，也就是 30 欧元。

那位卖给我们自行车的先生还因为我算得对，向我表示了祝贺，说我能去帮他算账了。他可不是在开玩笑——他还和我握手了呢，就像和大人握手一样。

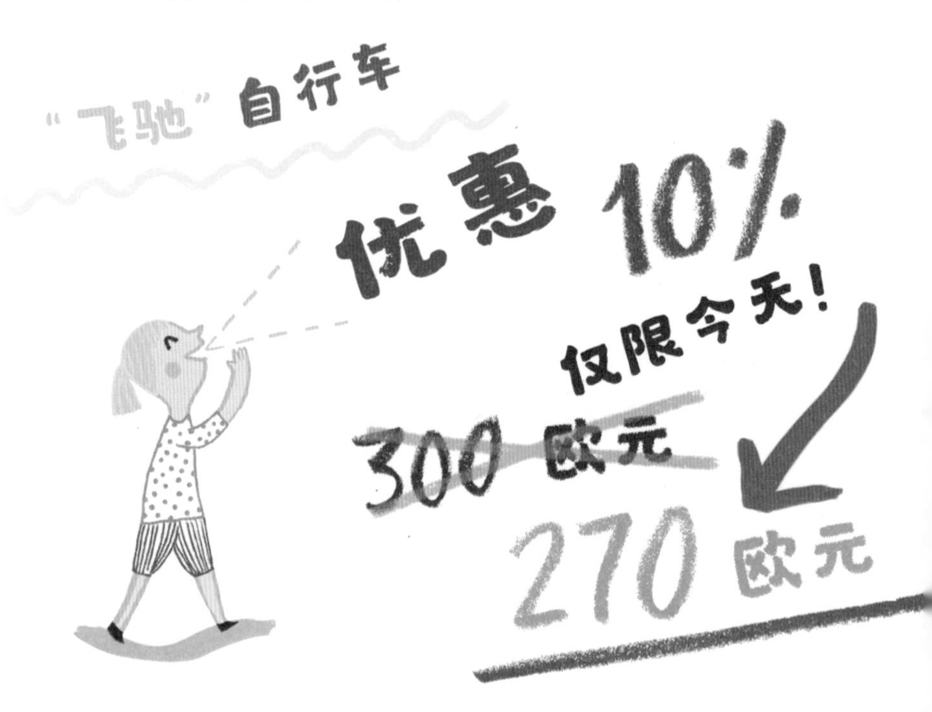

小诀窍

你可以用百分数做很多很聪明的事。一旦你明白了一个数字的 10% 就等于这个数字的$\frac{1}{10}$，所有的事情就变得简单了。

比如说，你要找出 120 的 10%，只需要将 120 除以 10，结果是 12（我不知道你还记不记得，把一个数字除以 10 的时候，只要去掉这个数字末尾的一个零，或者把小数点向左移一位就可以了。反正不管你记不记得，规则就是这样）。

假装分数

有些“分数”很会“假装”，如果你仔细看看，就会发现它的真面目。

想一想，吃掉一个苹果的$\frac{4}{4}$，意思是你把苹果分成了 4 份，然后把这所有的 4 份都吃掉了。所以，其实你是把整个苹果都吃掉啦！（当然，你也可以一口一口直接咬着吃。）

就在老师给我们解释的时候，马尔科说，昨天他应该跟马蒂亚一起踢球，但是马蒂亚一直没来。

他等了$\frac{1}{4}$小时，又等了$\frac{1}{4}$小时，马蒂亚还是没出现；于是他又等了$\frac{1}{4}$小时，却连马蒂亚的影子都没见到；他决定再等$\frac{1}{4}$小时，但到最后他还是自己去了球场。当他看到马蒂亚浑身是汗地跑来时，马尔科说："我等了你一个小时，你明明可以提前跟我说一声的！"

马蒂亚说，昨天他的妹妹出生了，当时家里一片忙乱，所以爷爷晚了一个小时才送他来球场。

不光$\frac{4}{4}$在假装"分数"，还有$\frac{2}{2}$、$\frac{3}{3}$或$\frac{10}{10}$……它们其实全都是整数 1！

我突然想到，这就好比1有很多件不同的衣服穿，它可以随便换来换去，但它仍然还是那个1。

我们在食堂玩得很开心

中午在学校食堂吃饭的时候我很开心，因为可以跟同学们一起玩。而在家吃饭时，我就必须吃完饭去午休，因为弟弟还太小，必须要午休。我最喜欢周四那天在学校食堂吃饭——因为能吃到玛格丽特比萨！

除了比萨还有蔬菜沙拉，大卫却一点都不想吃。老师就会给他讲吃蔬菜的好处：蔬菜含有维生素、矿物质，以及其他对人体有益的东西。

最后，食堂会给我们水果，水果里也含有各种有益的东西，只是矿物质没有糖分多。大卫也不喜欢吃水果，他只喜欢吃比萨。

比萨一端上桌，我们会立即停止玩耍，马上跑过来坐好。服务员会端来一个大盘子，盘子里是已经切成块的比萨。这样我们就能立刻拿起来吃了，不会浪费时间。今天，老师在大家大快朵颐之前说：“注意了，大家先听我说，等一下再吃。这里有一些很有意思的分数！在你们面前，有很多很多$\frac{1}{4}$块的比萨。你们先分一分，再数一数。”

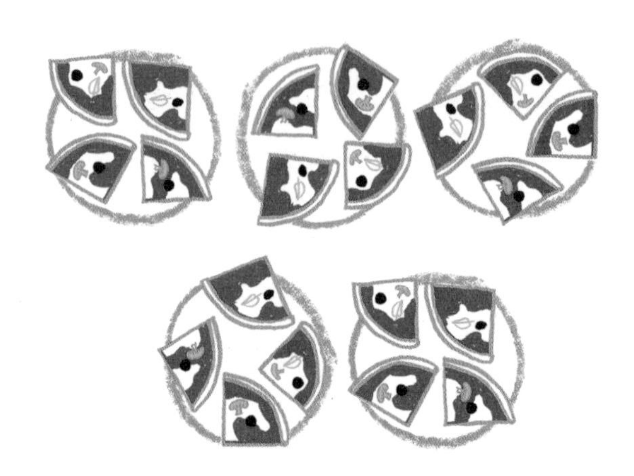

猜猜发生了什么？我们发现，总共有 20 块 $\frac{1}{4}$ 的比萨，它们可以组成 5 张完整的比萨。

也就是 $\frac{20}{4}$ 等于整数 5。

“老师，$\frac{20}{4}$ 等于 5，所以它也是个假分数。”班里最聪明的比安卡说道。我也想试着说些显得自己很聪明的话：“老师，那 10 个半张的比萨也等于 5 张完整的。”“当然。”老师回答道。

即 $\frac{10}{2}$ 等于 5。

这时候我想到，不光 1 可以换衣服，5 也可以，也许其他的数字也可以。但我没有说出来，因为午餐结束的铃响了，我一点也不想浪费时间（我和马尔科必须要加快速度，不然我们树下的位置就该被别人占了）。

小诀窍

这个真的非常简单。如果你知道 10% 怎么算，那你肯定也知道 20% 该怎么算，也就是 10% 的 2 倍。所以，你先算 10%，然后再把它乘以 2，特别简单：120 的 20% 是 12 + 12 = 24。

还剩下两分钟

今天的最后五分钟变成了只有两分钟，因为朱莉娅哭了。迭戈笑话她总穿粉色的衣服：她全身上下的衣服要么是浅粉色的，要么是深粉色的，不然就带着粉色的条纹或圆点，反正她根本不会穿其他颜色的衣服……最多换成紫红色或者银色。她的笔袋和书包也都是粉色的，连笔记本的封面也是。（我觉得朱莉娅太沉迷于过去的公主世界了！她只是看起来很“现代”，实际上根本就不是。）

于是，就只能用剩下的两分钟时间来对上次的数学谜题（见第 13 页）做出说明。因为没人知道答案，老师就解释说：“在相乘的 5 个数字里，肯定有一个是 0，所以乘积自然就是 0。”

这就是为什么那个小朋友能那么快就答出来。真可惜……我本来也应该答出来的，因为去年我就知道了，在乘法里任何数字与零相乘都会让结果归零！我很喜欢这个谜题，我要让住在楼上的埃娃来猜，或者让住在同一楼层的卢卡猜……我先遇上谁就让谁猜。

百分数就是分数

我过去一直不知道其实 10% 就是 $\frac{10}{100}$。

这就是为什么 % 这个符号里跟分数一样有条直线，还有 100 里的两个零！只不过它们的排列被打乱了，像个印章一样，就好比马尔科签名里的 M 和 A（马尔科的意大利文全名是 Marco Accardo）。他发明这个签名是为了显得自己像大人一样，他还在自己所有的画上都签上名，连日记本上都签了。

四分之三

长大以后我想当起重机司机或者海洋生物学家，不过到底做哪个我还没有最终决定。我很喜欢当起重机司机，因为如果你知道操控方法，就可以用起重机把东西从地面搬运到任何一座摩天大楼的屋顶上，无论那东西有多大。上周日，我和爸爸还有弟弟去看附近新建大楼施工时，就见到了起重机（弟弟没准也想当起重机司机，因为他看上去也很喜欢）。我也想当一名海洋生物学家，这样就可以帮助那些迷路或搁浅的鲸鱼了。我还没想好呢！现在每当老师讲到海洋时，我都很认真地听，就是为了能了解更多。而我也知道了，海洋的面积真的非常大。

她说，地球有大约$\frac{3}{4}$的表面被水覆盖。想想看，那水里得有多少鱼呀！为了能让我们更明白，她接着让我们想象一个切成四瓣的苹果，其中一瓣的果皮上有欧洲、亚洲、非洲……总之，就是地球上全部的陆地，一个洲紧挨着一个洲，聚集在一起；而在其他三瓣的果皮上，全是海洋和湖泊……总之都是水。

老师讲解时像对着一群大孩子，给我们画了一条总长 100 的带子，然后把它分成了 4 段：她把前三段——0 到 75，都涂成了天蓝色，代表海洋；把最后一段——75 至 100，涂成了棕色，代表陆地。

她说："当然，我们的地球既不是一条带子，也不是一个苹果。这条带子或者其他图形都是用来帮助我们更好地理解的。你们同意吗？大家看一下，这条长 100 的带子，它的 $\frac{3}{4}$ 等于 75。正是因为如此，$\frac{3}{4}$ 可以写作 75%。"

$$\frac{3}{4}=75\%$$

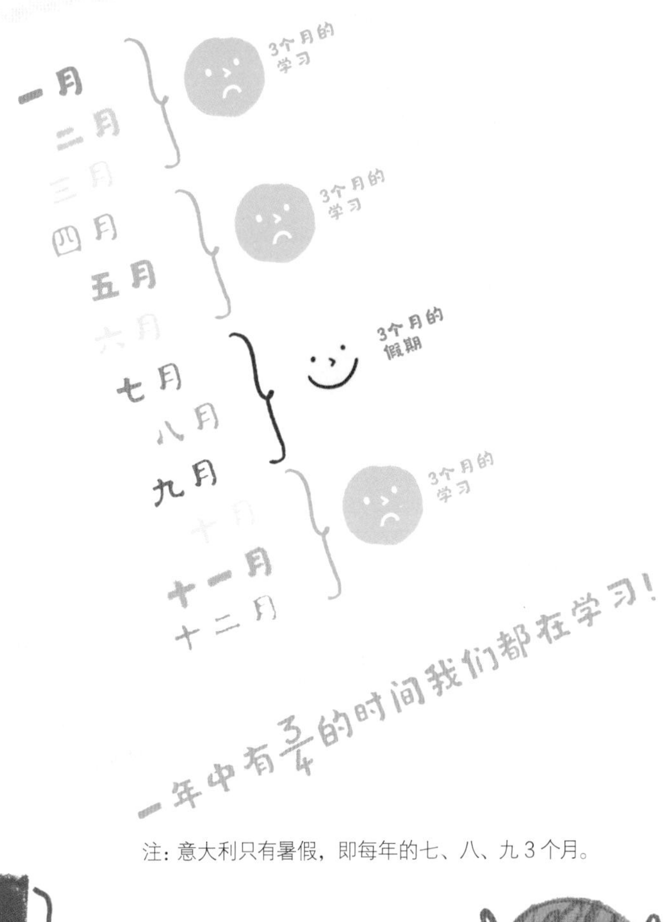

注：意大利只有暑假，即每年的七、八、九3个月。

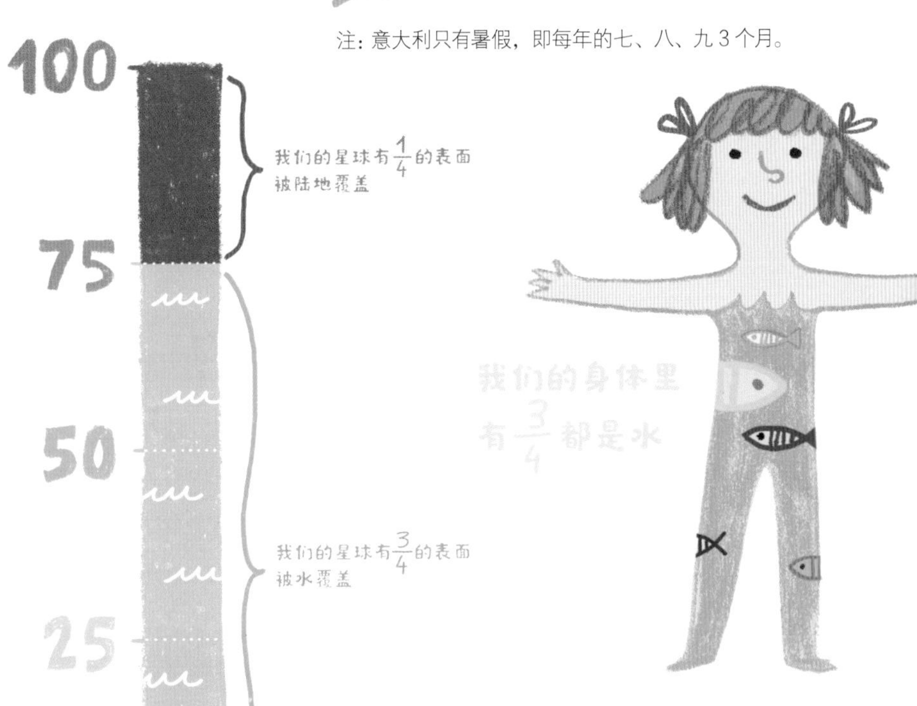

马尔科有一套人体图解卡片——他长大后想当医生。他给我们讲了一件非常神奇的事：我们的身体里也含有大量的水，而且水正好占了体重的 75%，也就是体重的$\frac{3}{4}$！

所以，如果他重 40 千克，那么其中水就有 30 千克。马尔科说这些的时候有点不开心，他过去一直坚信他的肌肉就像钢铁一样，谁知道真相竟然会是这样……

回到家后，我绞尽脑汁地想找出一个东西，而它刚好是另一个东西的$\frac{3}{4}$。最后，就在我不想再找下去的时候，脑袋里突然有了个想法：一年里我们有$\frac{3}{4}$的时间都在上学！

没错，一年四季中有三个季节我们都在学习：秋天、冬天和春天；而在另外一个季节——夏天，我们会休息：9 个月的努力学习和 3 个月的玩耍……这说起来有点“残酷”，其实我们完全可以用$\frac{2}{4}$的时间学习$\frac{2}{4}$的时间休息，这样就是一半一半嘛。

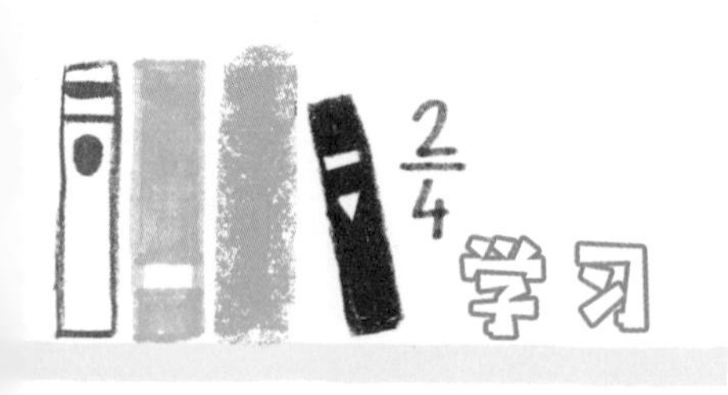

四个小朋友分三块巧克力

有一次，老师去看望朋友，带了三块巧克力给朋友的三个小孩。但是，她到了之后，发现还有另外一个小朋友，是她朋友孩子的玩伴。她不想让任何一个小朋友失望。那么她是怎么做的呢？

她把一块巧克力分成了四块，这样每个小朋友都可以分到$\frac{1}{4}$块。然后她拿起另外一块巧克力，做了相同的事情；第三块也一样。最后，每个小朋友都有$\frac{1}{4}$加$\frac{1}{4}$加$\frac{1}{4}$块巧克力，也就是$\frac{3}{4}$块。

她在给我们讲这件事的时候，说："现在你们明白了吧，$3 \div 4$ 等于 $\frac{3}{4}$？"

（我想我明白了，但别人是否明白我就不知道啦。）

$$\mathbf{3 \div 4 = \frac{3}{4}}$$

"你们愿意的话，除号'÷'也可以写成一条漂亮的直线，也就是分数中的那条。这两个的意思是一样的。"

这是因为：当必须在（分数的）直线和除号之间做选择时，数学家不想让任何一个人失望！

小诀窍

也许都不需要解释如何计算一个数的 30% 的诀窍，因为方法还是相同的：先算出 10%，然后乘以 3。

所以 120 的 30% 是 12+12+12，等于 36。可最后我还是给你们解释了。不过，怎么计算一个数的 40% 就要你们自己去想了。

老师为什么生气？

这是发生在我们老师身上的事（当别人对她不公正时，她总会讲给我们听，这样以后我们就会当心，不会再上当了）。

她想去商店买一件价格是 200 欧元的东西（现在我不记得是什么东西了）。当时那件商品正在打折，店员告诉她有 30% 的折扣率，所以她理所当然地认为应该可以减去 60 欧元。

而当她去付钱的时候，收银员却告诉她，折扣率是 20% 加 10%。她非常生气。其实一开始我们不是很明白她为什么这么生气。

马尔塔甚至跟她说："老师，30 不就是 20 加 10 吗？你为什么会生气呀？"

"看到了吧？这太容易让人误解了！"老师回答道。

"请给我们解释解释吧！"

她是这样解释的：如果 200 欧元享受 20% 的折扣率，会优惠 40 欧元，所以要付的钱是 160 欧元。如果剩下的 160 欧元再享受

10% 的折扣率，商店就会再给你减去 16 欧元，所以你享受的优惠加起来一共是 56 欧元，而不是 60 欧元！明白了吗？之所以这样是因为，20% 的折扣率是针对全部金额的，而第二个 10% 的折扣率，是针对第一次打折后剩下的金额的！他们应该提前说清楚……我们的老师会生气是对的。还有，把这件事告诉我们，她做得也很对。

又来了一个亲戚

从去年开始，每当我们必须要谈论一个数字时，我们都称它为 n，就像你在谈论一个人时会称他为某人一样。现在，如果你认识某个人，你可能还会认识他的亲戚们，比如某人的堂兄、弟弟等。对 n 来说也是一样，如果你认识 n，也会认识它的亲戚们，比如 n 的 2 倍——$2n$，n 的一半——$n\div2$，n 的相反数——$-n$，等等。

今天老师跟我们说：“现在，我给你们介绍 n 的另一个亲戚，n 的倒数。它的名字听上去有点难，可它十分有用，只要用 1 除以 n 就可以得到。”

我想到了我的堂弟托马斯，他的名字听着也很难，因为他生活在美国。他很讨人喜欢，每年圣诞节回来，我们都在一块儿玩得很开心。话说回来，谁知道“$\frac{1}{5}$的倒数是 5”这句话在英语里该怎么说？

数字家族在不断壮大

数字家族一直在不断壮大，这让我很高兴。我只希望它们之间不要吵架，别像每次堂兄们来给我过生日，大家最后总是因为想要赢得游戏而吵得不可开交。

开始时只有这几个数字：

1 2 3 4 5…

接着来了它们带负号的亲戚，负号是用来表示“相欠”、数量不够有缺额的：

…-5 -4 -3 -2 -1

今年，又蹦出来好多分数：

$\frac{1}{2}$ $\frac{1}{3}$ $\frac{1}{4}$ $\frac{1}{5}$ $\frac{2}{3}$ $\frac{3}{4}$ …

于是我们画了一条数轴，然后试着把陆续学到的数字标在上面。这其实有点困难，因为我们得把它们全部标在 0 和 1 之间，而那里的空间非常窄小。

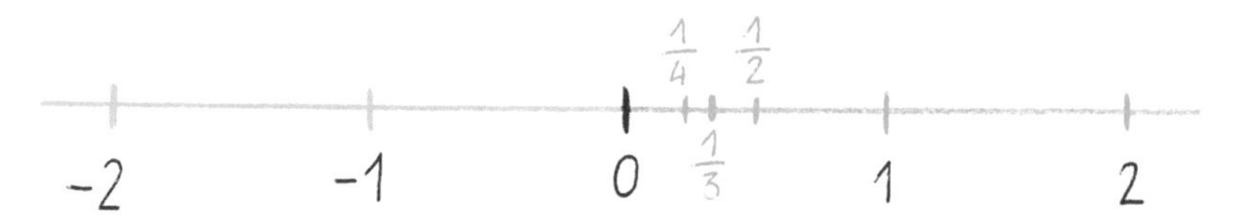

我们想到了一个办法：把地方变大。如果你想再多放一些数字，就必须把地方变大变大再变大……因为分数有无数个呢！

奶奶说得对，晚到的就得凑合挤一挤了。

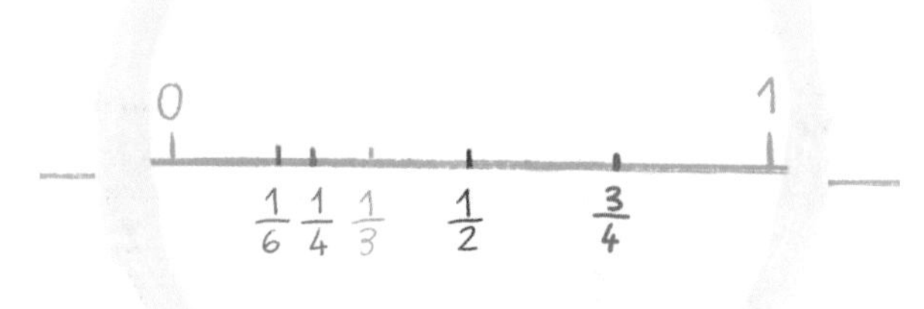

“姐妹”分数

不得不说，我们是最幸运的：将由我们三 E 班在学校联欢会上表演节目！抽签的过程特别棒——一个一年级的小朋友负责抽签，当她念出“E”的时候，我们全班人异口同声地喊：

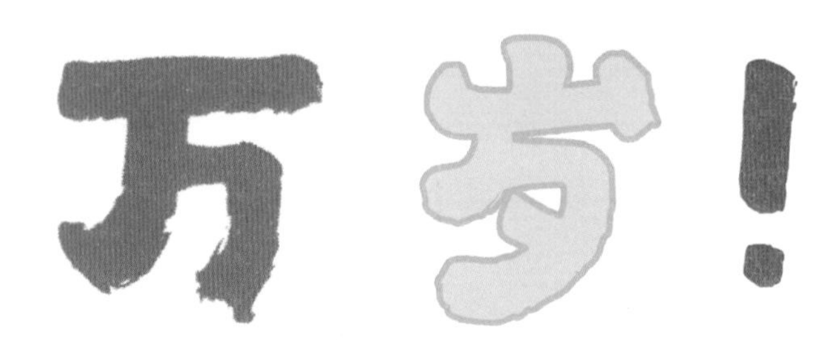

今天，老师给我们讲了“姐妹”分数。它真正的名字其实叫作等值分数，不过我更喜欢“姐妹”分数这个名字。虽然这些分数彼此看起来不同，但如果你好好想想，就能明白它们其实是一样的，因为它们的数值相等。我们在学习分数$\frac{1}{2}$和$\frac{2}{4}$的时候就已经知道这一点了。

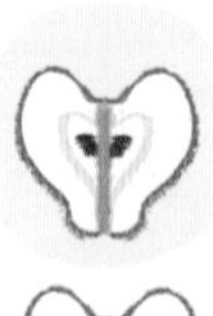

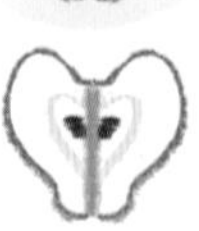

一个苹果的 $\frac{1}{2}$

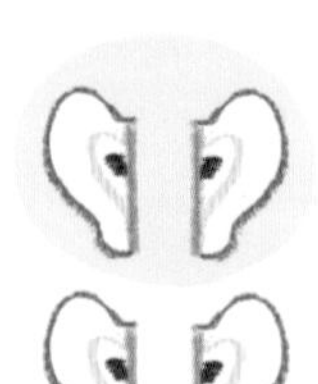

一个苹果的 $\frac{2}{4}$

它们都表示一个苹果的一半!

于是我们全班开始找$\frac{1}{2}$的等值分数。我找到了$\frac{4}{8}$和$\frac{3}{6}$。我还发现了一件特别棒的事：比安卡找到的分数跟我的一样! 也许她也喜欢我……真希望是这样。

接着我们又开始找$\frac{1}{3}$的等值分数。一开始有点难，后来我们明白了：你可以用任何你喜欢的数字作为分子，然后只要在分母的位置写上它的 3 倍就可以。就像这样：

老师说："虽然等值分数的形式不同，但在本质上却是一样的。"

我由此想到，超市的收银员帮我把 1 欧元换成两个 50 欧分也是一样的。虽然形式不同，但本质相同：都等于 1 欧元! 只不过我们需要这样换一下才能用超市的推车。弟弟会坐到车里，我再使劲把车推出去。别担心，我们肯定不会弄坏任何东西啦!

都在一条绳子上

去年老师刚来我们班时，我们带着她把学校从头到尾参观了一遍：图书馆、美术教室、体育馆，还有计算机教室。奇怪的是，她最喜欢的地方却是院子！我们想："太幸运了，这回我们有了个很喜欢玩的老师。"

今天，就在院子里的地砖上，我们做了个实验，发现了一件特别有意思的事，而这件事正跟"姐妹"分数有关。

如右图，每个小朋友选一个分数从红点出发，然后向右跳与分母数字相同的地砖数，再向上跳与分子数字相同的地砖数。结果怎么样呢？所有选了"姐妹"分数的小朋友，都站在了一条直线上！我们还在身上系了绳子，所以选了"姐妹"分数的小朋友，身上的绳子也被拉成了一条特别直的直线！

我们选的分数是$\frac{1}{2}$，$\frac{2}{4}$，$\frac{3}{6}$，$\frac{4}{8}$。

而马蒂亚选的是$\frac{2}{7}$，所以他不在这条直线上。

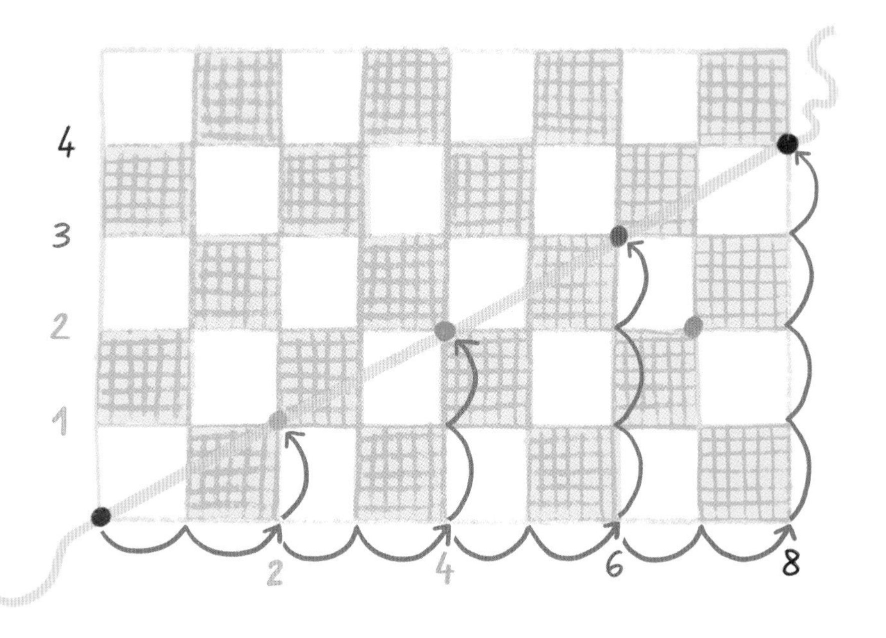

小诀窍

这个诀窍能告诉你怎样快速计算出一个数的 5% 是多少。

先计算它的 10%，这个大家都会了，然后把得到的结果除以 2。

要算 180 的 5%，先计算它的 10%，也就是 18，然后再除以 2，就得到了 9。

学会这个诀窍，所有人都会说：这个小朋友算百分数算得真快呀！

贝亚特丽切的妙招

今年，贝亚特丽切变得越来越棒了。

以前老师跟她说过：“不要灰心，总有一天你会学得很好。”她的表现就像老师说的那样。今天，就是她第一个找到了等值分数，因为她找到了一个很好的方法（也没准是她哥哥教的）。

方法是这样的：我们拿一个分数，比如说一个蛋糕的$\frac{3}{4}$，然后把分数的上下两个数都乘以2，就得到了$\frac{6}{8}$，而它就是$\frac{3}{4}$的等值分数。

画个图你就能马上明白了! 不管你把这个蛋糕平均切成8块，从中拿6块，还是把它平均切成4块，从中拿3块，最终你拿到的蛋糕一样多。一定会是这样：虽然第一种切法的每一块都只有第二种切法的一半大，但你拿到的块数却是之前的2倍!

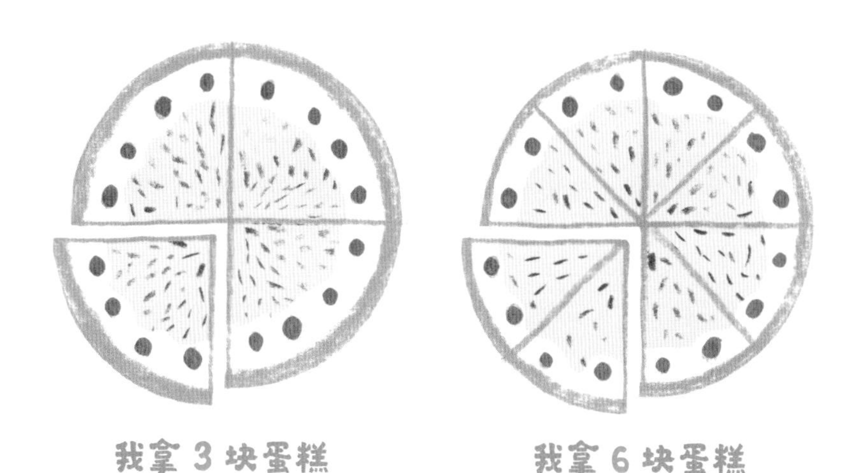

把分数$\frac{3}{4}$的上下两个数都乘以3，就得到了$\frac{9}{12}$。因此这两个也是等值分数。把分数$\frac{3}{4}$的上下两个数同时乘以任何一个数字，就能得到一个$\frac{3}{4}$的等值分数，这事你闭着眼睛都能做到。没错，老师告诉了我们这条规则:“如果把一个分数的分子和分母(就是分数线上面和下面的数字，老师喜欢这样说)都乘以同一个数字，得到的分数是它的等值分数。”

在贝亚特丽切说明她的方法时，我看到马尔科一副满是自豪的样子。

索菲娅

索菲娅是我们班上新来的小朋友。她很不好意思，刚开始不怎么说话。后来，当她看到大家都想跟她做朋友时，她变得爱讲话也爱笑了。

她来自波兰，意大利语说得还不太好。但她知道很多数字，包括分数。

“的确如此，”老师说，“对所有人来说，数学是一种共通的语言。外国人之间也可以通过数学相互沟通。你们之前有没有想

过这一点？”我从来没有想过，至于别人有没有我就不知道了。

后来，当索菲娅说数学是她最喜欢的课时，老师就给我们讲了一个特别好听的故事。

从前有个女孩，也叫索菲娅，生活在巴黎。那是在很多很多年以前的法国大革命时期。索菲娅对数学特别在行，对这门学科也充满了热情，因为她曾经读到过一个很悲伤的故事，故事里古罗马士兵杀死了阿基米德——阿基米德是很伟大的科学家，生前一直在研究几何图形。于是，她也想学习几何和数字。但在当时，女孩是不能上大学的。（大家听到这里都吃惊得张大了嘴巴：居然还有这么荒唐的事！）

这个女孩由此想到了一个主意：她假扮成男子，还给自己取了个男性的名字——比安可先生。

但她不能去课堂听课，以防别人看出她是女的，于是她就自己对照着书本学习。每当遇到不懂或不能确定的问题时，她都会给德国人弗里德里希·高斯写信，那时高斯已经变得非常有名，还当上了教授。在信的结尾她总会写上：“感谢您，并送上来自比安可先生的问候。”高斯看过信后就会把建议寄给她。

整个故事里最棒的是：索菲娅成功地救了高斯的命。事情发生在拿破仑入侵高斯生活的国家时。索菲娅非常害怕他会被杀害，就像当年的阿基米德一样，于是她找到了一个法国军官，让他去救高斯。法国军官见到高斯后说，他应该感谢索菲娅，是她帮助高斯逃过了一劫，但高斯并不知道索菲娅是谁（他的确不知道这个名字)。

后来，索菲娅写信告诉高斯，其实她就是比安可先生。

高斯非常惊讶，因为他知道比安可先生多么有才华，就算她是位女性，他仍然希望自己任教的大学可以颁发给她一张毕业证书。让人难过的是，索菲娅在收到学位证书前就生病去世了。

这个故事听着有点难过，命运对索菲娅真是太不公平了!

另一个索菲娅

老师说，可惜的是，因为上不了大学，过去在数学界有杰出成绩或出名的女性真的很少。而另外一个索菲娅是俄国人，生活在大约两百年前。她也跟法国的索菲娅一样，经历了重重困难才得以学习她热爱的数学。

俗话说有二就有三。老师说，我们班的索菲娅将来也会变得非常优秀和出名。这是肯定的！因为她懂得那么多的数学知识。她还知道一个小窍门，可以用来检验两个分数是不是“姐妹”分数。她是这样做的：拿两个分数，比如$\frac{2}{6}$和$\frac{5}{15}$，然后把它们彼此交叉相乘：2×15，6×5。如果二者结果相同，那么这两个分数就是“姐妹”分数。很聪明是不是？

我马上就验证了一下，发现$\frac{1}{4}$和$\frac{3}{12}$是“姐妹”分数。我会从现在起一直使用这个方法！

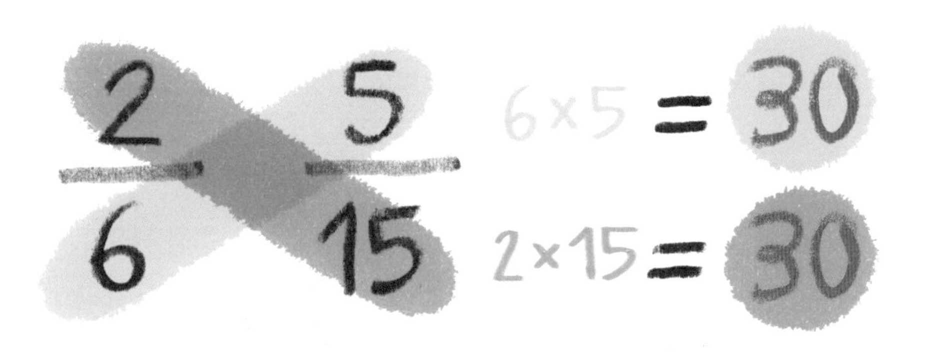

小诀窍

今天，索菲娅几乎一瞬间就算出了140的15%。

她立即回答是21。我想了一会儿，弄明白了她是怎样做的：因为140的10%是14，那它的5%就是14的一半，也就是7。然后再把14和7加在一起，就得到了21，这样就算出了140的15%。

我觉得这个办法真的很聪明。

五分钟游戏时间

这是今天的数学谜题。真的很简单。

谁抓到白球谁就赢了：你建议从哪个盒子抓呢？

比安卡举手回答说：“不需要选择，因为每个盒子里黑球数量都是白球的3倍！”贝亚特丽切也举手说：“两个盒子里白球的数量都是黑球的$\frac{1}{3}$，所以从哪个盒子里抓都一样。”

大家全都同意她俩说的，这太简单了！

“非常好！”老师说，“从这两个盒子里抓到白球的概率是一样的！因为$\frac{1}{3}$和$\frac{2}{6}$是等值分数！它们之间不存在谁大谁小……”

其实真正难的地方在后面呢，这不就来了？

如果加一个白球和一个黑球到其中一个盒子里，你建议加到哪个里呢？

一开始我有点紧张，不太明白应该做什么。后来我跟马尔科一块儿讨论、思考。假设我们真的有两个盒子（我把它们画了出来），如果把球加到第一个盒子里，就变成了2个白球和4个黑球，所以白球数就变成了黑球的一半。如果把球加到第二个盒子里，就变成了3个白球和7个黑球，而3不是7的一半，比7的一半要小一些！

所以我们就明白了：应该把球加到第一个盒子里，而且应该从那个盒子里抓白球。至于能不能抓到我们就不知道了，那得

看玩游戏的人有多幸运，但至少我们已经尽力帮他增加“运气”（概率）了。结果就不由我们控制了……起码他还可以凭这一“技艺”赢得其他游戏。老师说，有一个人为了提高获胜的概率，真的跑去请教数学家了。

那是发生在很久以前的事了。而从那之后，那个数学家就开始研究如何提高获胜的概率，因此发现了很多很重要的规则。

他变得非常有名，但他的名字我不记得了。

贝亚特丽切是卡拉的妹妹

“如果贝亚特丽切是卡拉的妹妹，那么卡拉就是贝亚特丽切的姐姐。”我觉得这再正常不过了，但老师让我们把它记在了本子上。

她接着说：

$\frac{2}{3}$等于$\frac{4}{6}$，而$\frac{4}{6}$也等于$\frac{2}{3}$。

“老师，这太显而易见了！”马尔科说。

“是的，是很显而易见，”她回答说，“但经过观察你们就能明白，为了创造一个分数的等值分数，我们可以做两件事：将分子与分母共同乘以一个相同的数字，或者将分子与分母共同除以一个相同的数字。”

$\frac{1}{5}$等于$\frac{3}{15}$

$\frac{5}{20}$等于$\frac{1}{4}$

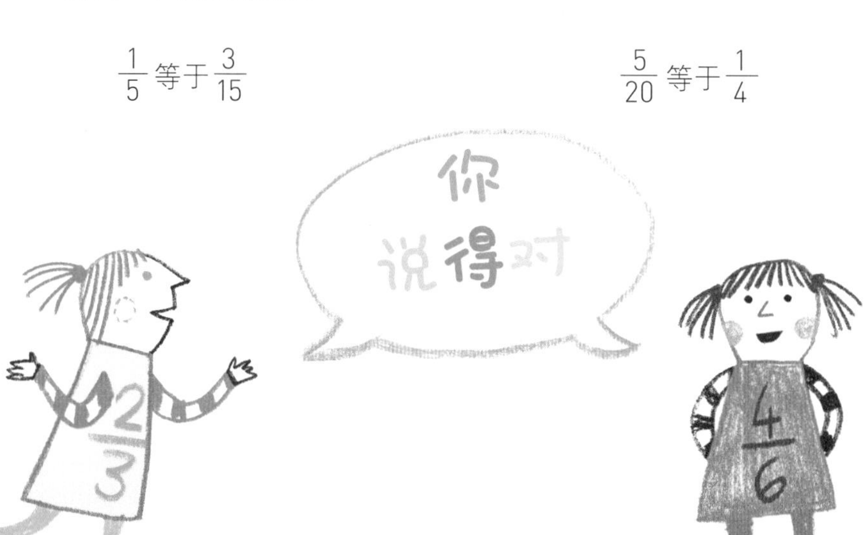

“减肥治疗”

在一组等值分数中，总有一个最特别，比如下图中那个举着“简约风”旗子的。

那个举着旗子的分数，它的分子和分母的数字最小，所以是最简分数！要找到它，只需要将某个等值分数的上下同时除以同一个能整除的数字，一直除下去，直到不能除为止。比安卡说，这个方法就像是给分数做“减肥治疗”。

从根本上说确实如此。就拿$\frac{36}{48}$来说吧。

我们先把这个分数的上下都除以2，得到$\frac{18}{24}$，这已经“简约”一些了，然后再除以2得到$\frac{9}{12}$。为把分子和分母的数字变得更小，可以再除以3，就得到了$\frac{3}{4}$。

这时候你就得停下来了，因为分数$\frac{3}{4}$已经不能再“瘦”了，它已经“减”到底了。是不是感觉很开心？因为$\frac{3}{4}$比$\frac{36}{48}$“简约”多了，而它们的大小（值）是一样的。这就是数学家的小窍门。

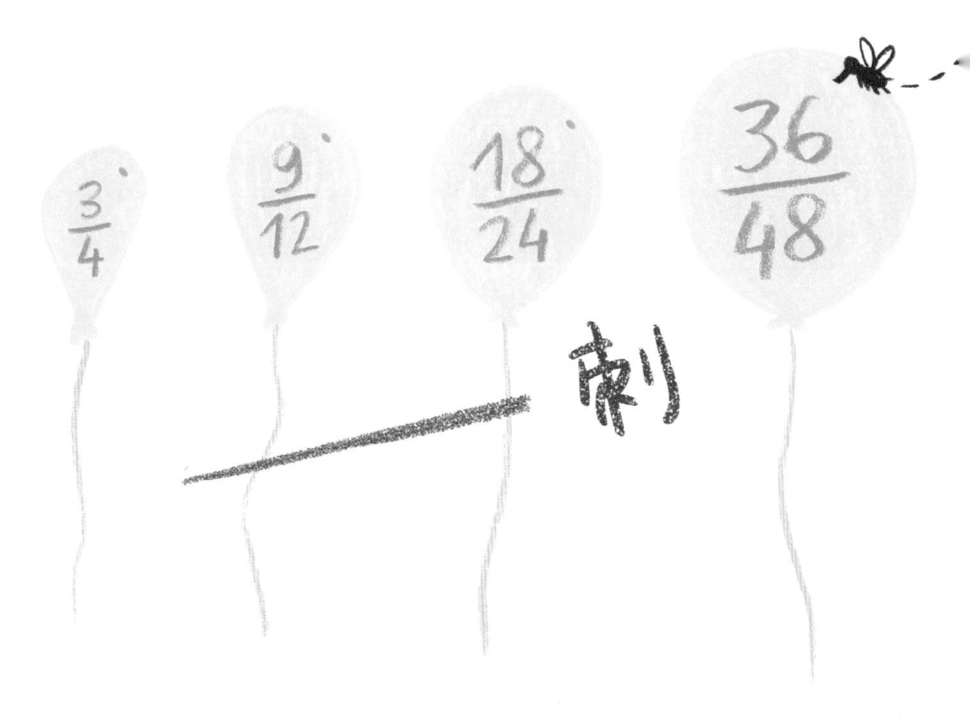

小心优惠陷阱

我们老师对骗人伎俩的嗅觉特别灵敏。她应该被授予一枚奖牌，就像给机场里那只白棕相间的毒品嗅探犬颁发奖章一样。昨天发生了这样一件事：她接到了一个电话，对方说："您每充值 10 欧元，我们会再替您支付 5 欧元，这样您就能节省一半的费用。"

她说："你别骗人了！因为根本不是能省一半，而是只能省三分之一！"

这有点难以理解，我并没有手机，可我觉得确实省了一半，而同学们也是这样认为的。于是，她以真钱为例解释给我们听：5 欧元是 15 欧元充值卡面值的$\frac{1}{3}$，而不是一半！我们老师简直太厉害了！

小诀窍

这个小诀窍其实根本不用我写下来，因为它太简单了：50% 就是一半。50% 的意思是 $\frac{50}{100}$，实际上就是 $\frac{1}{2}$。不过我还是把这个诀窍写下来了。在电影里，如果有些人想分走一笔钱的 50%，就会说“五五开”。

三个中有一个

我跟马尔科和马蒂亚关系很好，老师管我们叫“三个火枪手”。收拾教室时，我们总是速度最快的一组：一个人把废纸集中起来放到分类垃圾箱里，另一个人擦黑板，剩下的那个会把课桌椅摆放得整整齐齐，仿佛一眨眼的工夫就能做好。而每次轮到比安卡、大卫和安德烈这组时，他们就会边干边聊，总是拖到很晚才到食堂吃饭。

唯一会把我们三个分开的事情就是运动。因为我们三个中，只有我打橄榄球，而他俩总是踢足球。爸爸说，了解橄榄球的人还不是很多，所以打球的人也非常少，女孩子更是一个都没有。但他说：“三个中能有一个已经很好了。”他这样说的时候，我突然明白了一件非常重要的事！

我明白了“三个中有一个”的意思就是$\frac{1}{3}$，数字 1 在分数线上面，而数字 3 在分数线下面。

在这里，分数中的分数线大体可以理解为“有”这个字。

而且一个人正好就是三个人的$\frac{1}{3}$。老师以前说过：“分数说明了分子与分母间的关系。”

拿$\frac{1}{10}$举例来说，它正是说明了 1 是 10 的十分之一。

我很希望我的朋友都能跟我一起打橄榄球，这样我们就可以一起去球场训练了。要是等着我弟弟长大的话……他现在连球都抱不过来呢，更别提在紧张的比赛中紧紧抓住它了！

地平线上的太阳

有时，我跟马尔科的想法完全不同。每到这时，他就会想尽办法证明自己是对的，还一个劲地坚持让我对他说“你是对的”。在家里时我已经什么事都让着弟弟了，就为了不让他哭……

今天，我敢肯定他是错的，因为关于地平线上太阳的问题，我已经在《十万个为什么》上读过了（幸亏奶奶圣诞节送给了我这套书）。问题是这样的：为什么太阳在地平线附近时，看起来比在天空中要大？马尔科说太阳更大是因为它离地球更近。我在书里读到的却不是这样，书里说在同一天中太阳与地球的距离是不变的，所以不是太阳真的变大了，而只是看起来像比在天空中时更大。

但马尔科听不进去我的话，我们就去找老师，她解释说：“太阳在地平线附近时，我们可以拿它跟高山、大海做比较，所以就能意识到它究竟有多大。只有比较了，才能更好地理解。而当太阳高悬在天空中时，却没有什么能比较的参照物。”

直到这时马尔科才彻底服气，不过他脸上的表情真是一言难尽……

蚂蚁究竟是大还是小？

老师总是给我们设陷阱：“蚂蚁究竟是大还是小？”

“小！”我们答道。

“那如果你问微生物这个问题呢？”

“大！”我们立刻换了答案。

“超级大！”贝亚特丽切说道（她有一个显微镜）。

所以，你永远无法知道，一个东西究竟是大还是小！

然后老师给我们解释：如果在一个 10 口人的家庭里有 5 个人生病了，那情况就很严重。但如果在一个 5000 人的小镇里有 5 个人生病了，那就很常见了。所以，5 也是既不大也不小！

我彻底明白了：只有在做比较时，我们才能明白东西的价值和数字的数值。而要比较两个数字，就要把它们组成分数。

5 比 10 就是十分之五。

$$\frac{5}{10}$$

而 5 比 5000 就是五千分之五。

$$\frac{5}{5000}$$

现在，如果把它们上下都除以 5，就可以得到更简约的分数，你就会发现它们两个的区别其实非常大！

$\frac{1}{2}$ 比 $\frac{1}{1000}$ 大很多。

小诀窍

如果你想瞬间算出一个数的25%，就要记住：25是100的$\frac{1}{4}$，也就是说，$\frac{25}{100}$就等于$\frac{1}{4}$。所以，一个数字的25%就等于这个数字的$\frac{1}{4}$。假如这个数字是280，那么，把280除以2，然后再除以2，就等于把它除以4了，就是：

$280 \div 2 = 140$

$140 \div 2 = 70$

所以，70就是280的25%。很简单的。

弟弟的年龄

要想知道两个数字谁大谁小，就要做减法。比如说，我比弟弟大4岁，而他只有4岁，做减法就是：

$8 - 4 = 4$

还有另外一种方法也可以比较数字的大小。

它可以告诉我们，一个数字是另一个数字的几分之几。

比如，弟弟的年龄是我年龄的一半。没错，4正是8的$\frac{1}{2}$，$\frac{4}{8}$等于$\frac{1}{2}$。

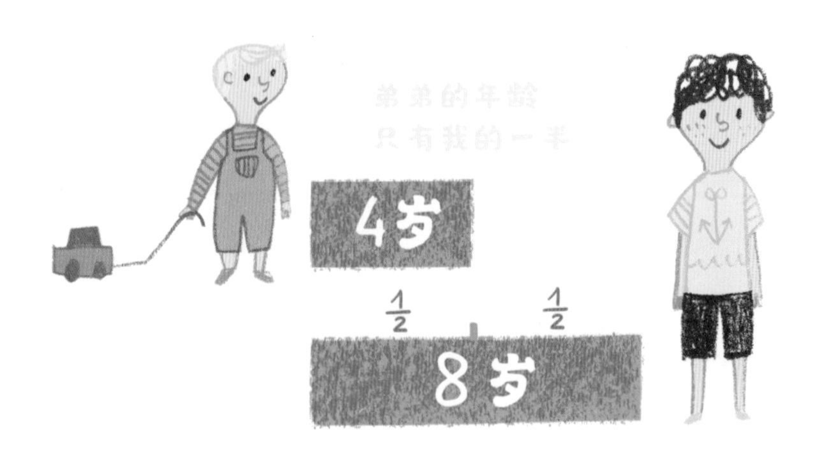

但当我 20 岁的时候，他 16 岁，那时他的年龄跟我的年龄之比就变成了：

$\frac{16}{20}$，等于 $\frac{4}{5}$。

弟弟的年龄将会是我的年龄的 $\frac{4}{5}$。

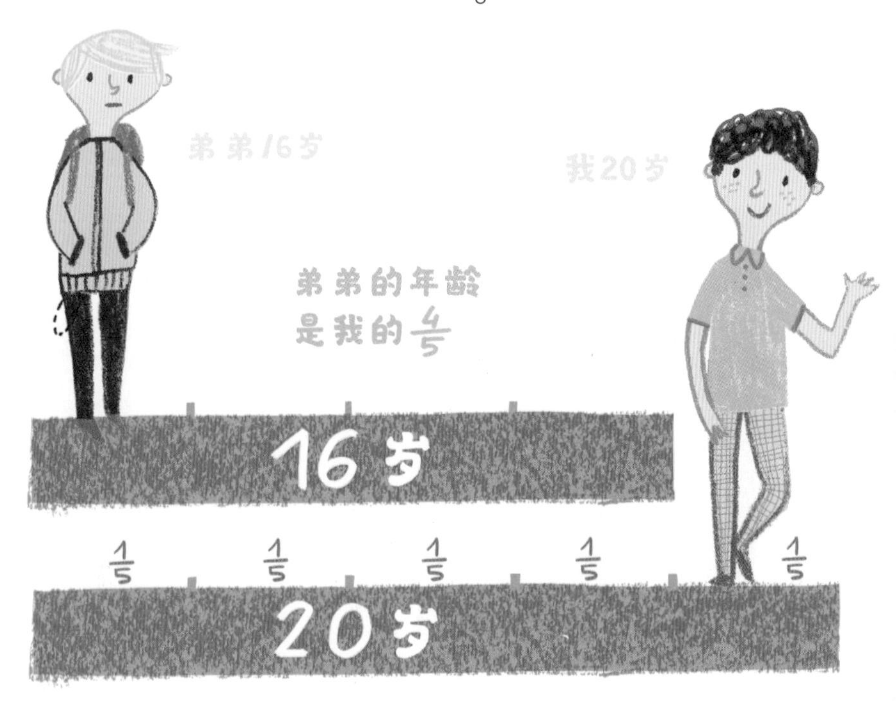

其实还是奶奶说得对：他永远不会跟我同岁，但是随着年龄的增长，我们会越来越亲近。我们会越来越像朋友，而不是相互讨厌。

站在我的角度

有时候奶奶太向着弟弟了，她会跟我说："你要乖一点，他现在还小。"这样一来我就必须同意让他玩我的玩具，包括那些很容易坏的玩具。我看他玩那些玩具时会紧张得直发抖。奶奶为什么就不能对他说"你要乖一点，你哥哥比你大"呢？我的年龄是他的两倍，他应该更加尊重我才对，起码要更加爱护我的玩具……

当他 16 岁的时候，我就 20 岁了，那会儿我已经成年了。到那时他就更应该听我的。

连老师都说："必须要从两个方面看待事物。"他的年龄将是我的$\frac{4}{5}$，而我的年龄将是他的$\frac{5}{4}$。不知道我是不是解释清楚了……

$\frac{5}{4}$会让他明白我比他大，意思就是我的年龄是他全部的年龄再加上一个四分之一他的年龄。

20岁

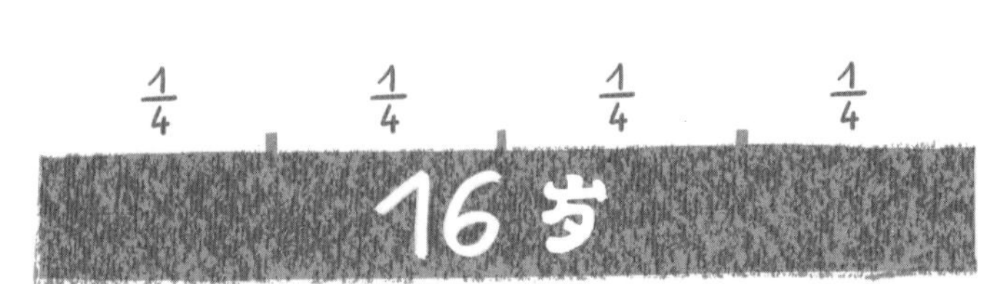

$\frac{5}{4}$=整数1加上$\frac{1}{4}$。

在数轴上也可以看到，$\frac{5}{4}$比1大，它的位置在1和2之间。

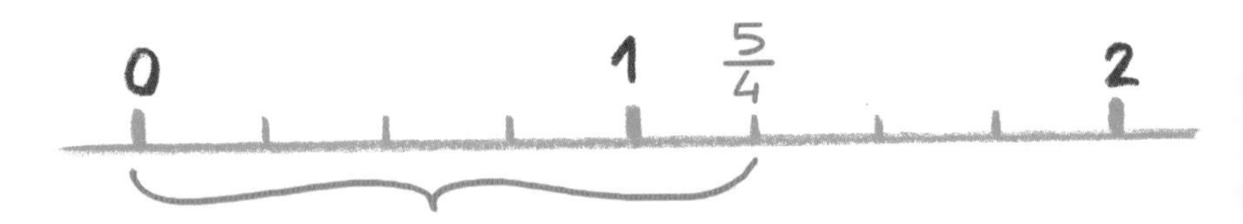

小诀窍

如果你要计算一个数字的 60%，有个特别快的方法：你先算这个数的一半，然后再加上这个数的$\frac{1}{10}$。

所以 160 的 60% 是 80 + 16 = 96。这样算就对了。

毕达哥拉斯乐队

我明年想要学吉他，而马蒂亚和马尔科想要学打鼓，这样我们就可以组成一个乐队，没准还能出名呢……没准将来哪个小朋友还会在他的房间里、床旁边贴上我们的海报呢（我贴的是阿尔伯托狼的海报）。

我们还没想好乐队的名字。老师建议我们叫“毕达哥拉斯乐队”，她说，毕达哥拉斯是第一个学习音乐和发明乐谱的人，而且还是在两千五百年前！这也是对他表示敬意。如果想不到其他更现代的，我们就叫这个名字。

这位毕达哥拉斯特别懂数学，他坚持说所有的事物都是由数字组成的。他总说：“一切都是数字。”

他建立了一所教小朋友学数学的学校，但提了一个特别荒唐的要求：这些可怜的学生在上学的头两年里不能讲话！两年啊！于是我就想，我们的校长简直是个圣人。每当她到教室来，我们只需要保持安静 5 分钟，时间再长我们就受不了，就要开始讲话了（哪怕必须要很小声地说）。

而她并不会因此说我们……

另外，毕达哥拉斯的学生还不能吃蚕豆（鬼才知道是为什么）。总之，老师跟我们说，毕达哥拉斯非常有名，因为他发现了一个非常重要的定理。

有一天，他正在跟他的学生一起散步（那时候没有教室，学生都是在室外学习——简直太幸福了），他们路过一个铁匠铺，听到了锤子打铁的声音。这个声音不但不让人讨厌，反而很好听，就像音乐一样。于是毕达哥拉斯进到铺子里，想看一看那些锤子，却发现每个锤子都不一样，于是就让人称了称它们的质量。当得知锤子的质量分别是 12、9、8 和 6 的时候（我也不知道那时候的质量单位是千克还是别的什么），他高兴地跳了起来，叫道："对我的耳朵来说，你们说的那些就是音乐！明天我会给你们解释为什么。"

明天，老师也会给我们解释为什么这些数字很特别。而我们要带上一卷绳子、一块长木板和两个钉子。我跟马尔科已经约好了，今天下午一起到五金商店去买所需要的东西。但在那之前，我们会先去球场，我要教他怎么拦截，接着一起练习：我拦截他，他再拦截我。

一个发现：音乐里也有分数！

我真的没有想到，开学以来我们一直在学习的分数，对音乐来说也是必不可少的。这是毕达哥拉斯发现的。我们要做的实验，跟他和他的学生做的实验一模一样。

我们把绳子抻直用两个钉子固定在木板的两端，就做成了一件有点像吉他的乐器，不过它只有一根弦。啊，忘记说了，我们还把木板分成了12段。

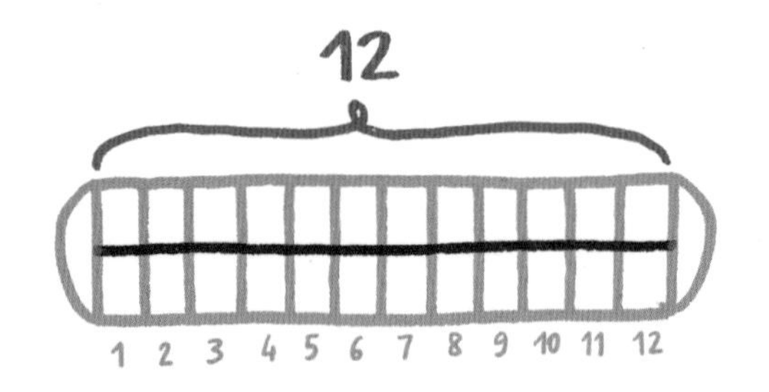

我们一共做了四把这样奇怪的“吉他”。为了演奏它们，老师叫来了比安卡、贝亚特丽切、大卫和朱莉娅。

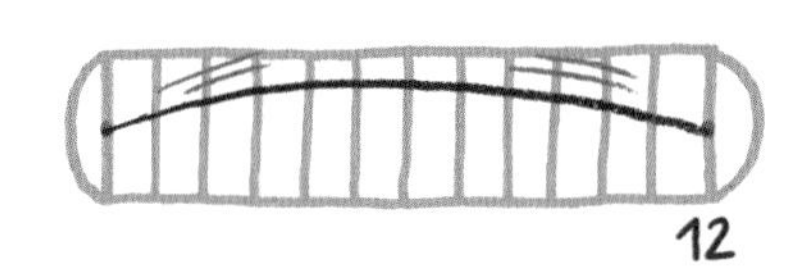

比安卡拨动整根弦。

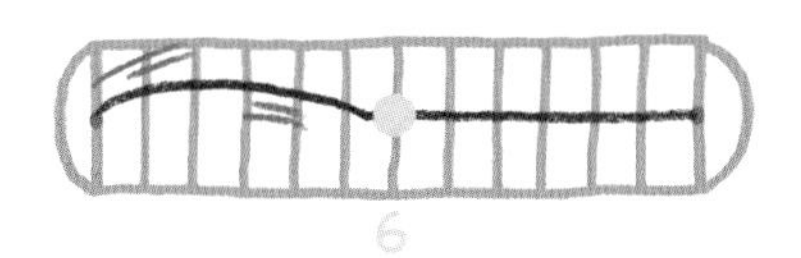

贝亚特丽切拨动一半长的弦。

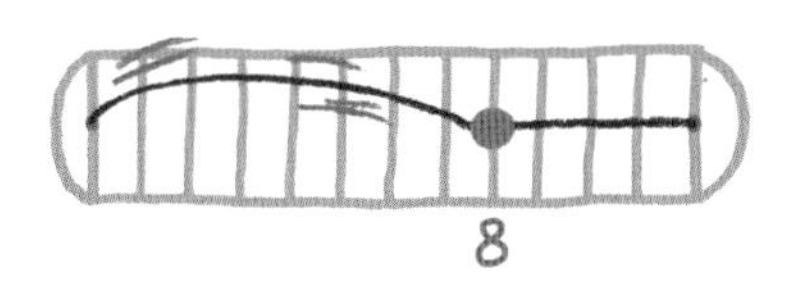

大卫拨动 $\frac{2}{3}$ 长的弦。

朱莉娅拨动 $\frac{3}{4}$ 长的弦。

于是，四把“吉他”一起发出了很优美的声音——和声。就像那些锤子发出来的声音！这样我们就都明白了，这都是因为12、9、8、6这几个数字间的关系。

12是一个整体。

6是12的$\frac{1}{2}$。

8是12的$\frac{2}{3}$。

9是12的$\frac{3}{4}$。

这就是为什么毕达哥拉斯总是坚持说，我们周围的一切都是由数字组成的！

所有的一切，包括很抽象的事物，比如音乐！而那时候他还知道，比数字更加重要的，是数字间的关系，也就是分数！

在我们的“毕达哥拉斯乐队”海报上，我们写了一句很棒的话。这句话有一部分是我们自己想出来的，还有一部分是老师帮我们想出来的（不过只有很少的一部分）。

这句话是：“想要变得更棒，你们不光要学会数数，还要学会比较。”

再后来，人们发明了音符：do、re、mi、fa、sol、la、si（哆、来、咪、发、唆、拉、西）。而音符也需要用到分数（关于这一点，我想将来在吉他班里我会弄明白的）。

不光是打猎，还有所有的环境污染，让一些美丽的动物从地球上消失了，而现在连科技也掺进了不光彩的一脚（过去人们认为科技是很有用的）。在发明了拖拉机和电动机械后，人们就再也不想养毛驴了，所以毛驴也就越来越少。我觉得很可惜，有一次我在农场见到了一头小毛驴，它看起来特别乖。还有，我觉得它们才不笨呢：它们会犯倔和不服从，是因为它们不想当奴隶，而不是搞不明白状况。它这样一点都没做错，我也很反对奴隶制。

从报纸上我们看到，一位女士为了救小毛驴，在树林附近建了一个大棚子，人们可以收养小毛驴，捐一些钱用来买饲料，而作为交换，捐款人可以去看望，带着它在树林里溜达。

我们班的同学一起收养了“瘦子”——一头全身浅棕色的小毛驴。下周六我们要去看它，还会尝尝毛驴奶（没准还会边喝奶边吃饼干）。

为了买饲料，我们一共募捐了40欧元。我捐了2欧元，大卫有15欧元，他捐了5欧元……这让我觉得有点难受，显得我好像不喜欢“瘦子”似的。我只有6欧元，还得买绘画本。

幸运的是，老师明白我的想法，她说：“不用有顾虑，每个人根据自己的情况尽力而为就好。你有6欧元，捐了2欧元，跟大卫有15欧元而他捐了5欧元完全一样。你们两个人都拿出了你们所有钱的$\frac{1}{3}$捐给了‘瘦子’，你们的礼物与你们所拥有的是成正比的。”

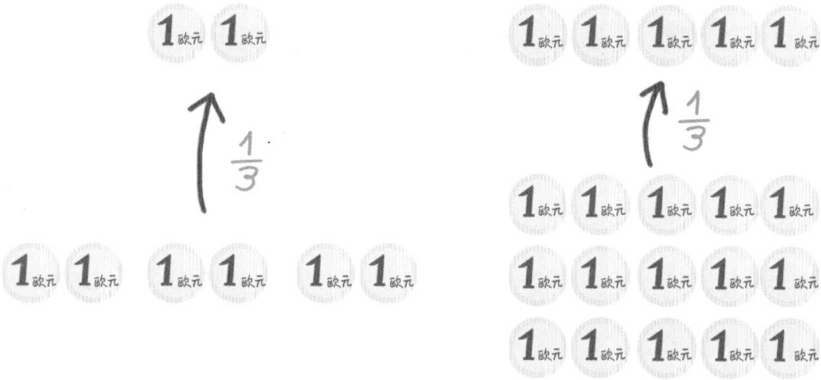

2比6等于5比15：

$$\frac{2}{6}=\frac{5}{15}=\frac{1}{3}$$

我很高兴我们为“瘦子”所做的事。我们班的同学都做得很好，大家都很爱护生态环境。因为我们希望，我们的星球能够一直美丽下去，与星球上所有居民一起：毛驴、企鹅、鲸鱼，还有大熊猫和孟加拉虎……

小诀窍

如果有小朋友想计算一个数字的90%，比如说350，他可能会有点担心，因为这看起来很难。我建议他用一个便捷的办法来思考：

先找到350的10%，这很简单，就是35，然后用350减去它：

350－35＝315

所以315就是350的90%。这样就不用害怕计算起来太复杂了。

古希腊七贤之首

昨天发生了一件我人生里从来没有出现过的事：日食。

我们全班一起来到学校花园里，看到阳光一点一点地消失，而那时天上没有一朵云，也不是日落时分。校长给了我们一种特殊的眼镜来观察太阳，然后我们就看到有一片阴影挡在了太阳前面，一点一点地遮住了它——我们知道那是月亮。这就是为什么天会变得越来越暗！最后，在太阳的位置上出现了一个颜色很深的圆，它的周围是一个火圈，样子特别奇怪！

回到教室后，老师告诉我们，在古代，每当发生日食和月食的时候，因为不知道发生了什么，人们都特别害怕，都想找个地方躲起来，于是四散逃窜，一片混乱。他们相信发生这种现象就表示哪个神生气了，在冲他们发火。

直到有一天，有一个特别聪明的人，他终于弄明白日食和月食是怎么回事了，还解释给其他人听。他的名字叫泰勒斯，从那时起，他就被认为是地球上最有智慧的人。那时还有其他六个人跟他一样有智慧，人们称他们为古代的七位贤者（古希腊七贤）。

泰勒斯是哲学家，实际上也是西方第一位哲学家，也就是一名知识爱好者（老师是这样说的）。这就是为什么他总是尽可能地去了解事物、认识事物。生活中，他最喜欢做的事就是思考，他总是在思考。一天，他边散步边思考宇宙、恒星和行星是如何形成的，没注意到路边有一口井，扑通一声掉了进去，水一下淹到了脖子！

没想到，泰勒斯竟然捧腹大笑起来。有个女孩，也是他的助手，等他笑完后说："泰勒斯，你都不知道自己的脚踩在哪儿了。你总是心不在焉的，满脑子都是星星和月亮，一直都云里雾里的！你觉得你这种生活方式对吗？"但他却依旧我行我素，因为他是一名思想家。

我挺喜欢泰勒斯的，希望他一生中没有发生其他更严重的事故。

按照比例画

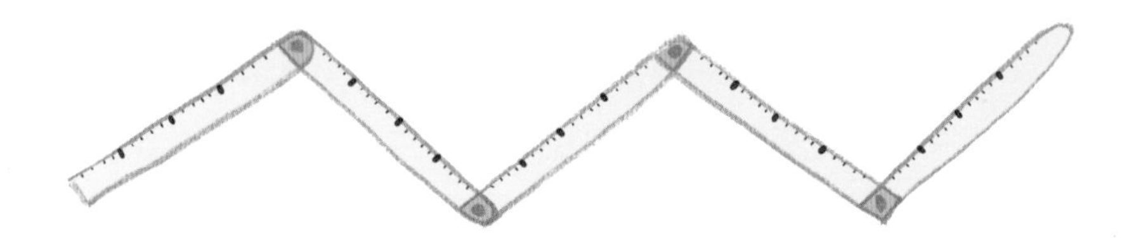

泰勒斯能成为古代七位贤者之一是有道理的，因为他懂的东西非常多。

除了日食之外，他还知道一种可以把图画得很准确的方法。他的诀窍是：把事物按照比例画出来。

如果你想画一个高 12 米、门洞高 3 米的房子，那么在图纸上你也要遵循同样的比例。你把房子画成了 20 厘米高？那你就要把门洞画成 5 厘米高。因为 3 米是 12 米的$\frac{1}{4}$，同样 5 厘米正好也是 20 厘米的$\frac{1}{4}$。它们的比例是一样的。放心吧，这样画出来的图会很好看。

如果你把房子画成了 8 厘米高，那门洞就要画成 2 厘米高。不光是门洞，所有的东西都应该按照真实房子的比例来画。如果你这样做了，比例是正确的，你的画看起来就会像真的一样。

再来看看，如果不按我说的做，画出来的图会有多难看……就像我弟弟画的那样！

泰勒斯比高斯更厉害

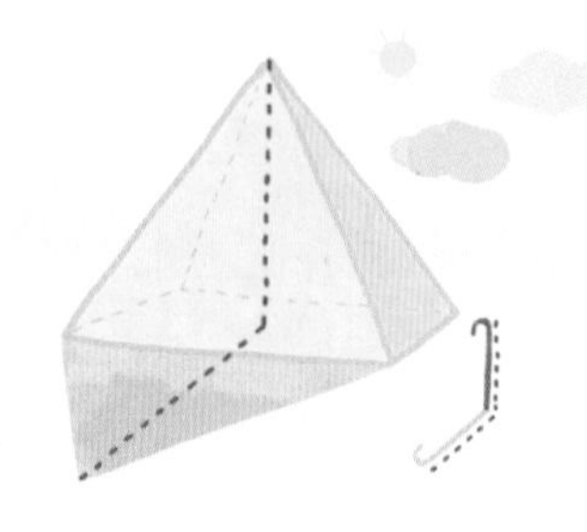

对我来说，比起那个发现了怎么快速计算数字总和的弗里德里希·高斯，泰勒斯更加厉害。

因为他做了一件只有超人才能做到的事。事情是这样的：泰勒斯是当时最聪明的人，所以人们有了困难都会找他。离他做研究的地方不远有一座金字塔，人们问他那座金字塔有多高（不知他们是真的想知道还是只想难为他）。他没有害怕，而是来到了金字塔脚下。

自从掉进过井里后，他就一直随身带着一根拐杖，当时也是如此。

所有人都想："他肯定没办法。"因为这看起来真是一件不可能办到的事。

而泰勒斯却很平静地说："你们量一下我拐杖影子的长度，如果影子跟我的拐杖一样长，那么，金字塔影子的长度也跟金字塔的高度一样；如果拐杖的影子是拐杖的一半长，那么金字塔的影子也是金字塔高度的一半……”

总之，他想说的是：拐杖和金字塔与各自影子的比例关系是相同的（就跟之前他发明的等比例绘画一样）。

于是，旁边围观的人量了量拐杖的长度和它的影子的长度，发现它们是一样的。不一会儿，他们也量出了金字塔影子的长度，也就知道了金字塔的高度。

我觉得，肯定所有人都在想：“好可惜，如果我也能想出这么聪明的办法就好了！”

小诀窍

还有一些很小的百分数，比如 2%、3% 等。有些小朋友可能会很担心，因为不知道该怎么计算。我们的老师教了一个很棒的小窍门。

第一件事就是要找到你要计算的数的 1%。这很简单，只要把它除以 100 就好。然后你再把得到的结果乘以 2 或 3，就可以得到那个数的 2% 或 3% 是多少了，总之，你就可以得到你想要的了。

现在来算一下 210 的 3%。

210 的 1% 是 2.1，你把它乘以 3，就得到 6.3，问题就解决了。

姐妹间互相帮助

为了帮助小朋友们做算数，有些时候，有些分数就必须要去帮助它的姐妹们。

我和马尔科就遇到了这样的问题。

我把演出横幅的$\frac{1}{3}$涂上了颜色，马尔科从另外一头涂了横幅的$\frac{1}{6}$（没错，他就是比我慢很多）。现在我们要去买颜料，但不知道要涂颜色的部分还剩多少。

所以，我们把我涂的部分和他涂的部分加起来：

$\frac{1}{3}+\frac{1}{6}$

怎么计算$\frac{1}{3}$和$\frac{1}{6}$的和呢？

这就像把梨和苹果相加一样。所以，“叮咚”，就需要$\frac{2}{6}$，也就是$\frac{1}{3}$的“姐妹”分数来帮忙了。

我们马上把它们加在了一起：

$$\frac{2}{6}+\frac{1}{6}=\frac{3}{6}$$

这样就知道还有 $\frac{3}{6}$ 没有涂，也就是说还剩下一半!

所以，我们还需要买的颜料正好就等于我们用掉的量。我们明天就去五金店买。

我想，不光是姐妹间，其实兄弟间也需要互相帮助。现在，是我在帮助弟弟，但等他长大了……

乘法

在所有的运算里，我最喜欢乘法，因为它很有挑战性，但又不如除法难。而且，乘法口诀表我已经记得滚瓜烂熟了，跳着格问我都记得（去年我还只能按顺序背）。

在乘法里，不会有当出现余数时你必须点个小数点再接着算的风险，也不会有根本不知道算到啥时才是个头的时候。

就算你要做分数的乘法，也是很简单的。

比如说：

$$2\times\frac{2}{5}=\frac{4}{5}$$

没什么需要想的：你有 2 个$\frac{2}{5}$，就是要算$\frac{2}{5}$的 2 倍，所以得到了$\frac{4}{5}$。

总之，只要用倍数乘以分子就行！

如果你要算乘以 1，那就更省事了，因为结果根本没有任何变化：

$$\frac{2}{5}\times1=\frac{2}{5}$$

没错，我早就知道数字 1 在乘法里是中性的。

但我不知道的是，如果你把两个数相乘，比如 3 和$\frac{1}{3}$，结果总是 1，这两个数便互称为倒数。所以你在做乘法时，如果看到两个数互为倒数，可以直接忽略它们，因为它们两个相互

“消除”了。

$$12\times3\times\frac{1}{3}=12$$

我可是玩“消除游戏”的冠军，那次马尔科拿着个装满水的气球跑过来，要向我扔水弹，我拿出一根针就马上把它“消除”了。水呢，全都洒到了他的脚上。

真的是完全倒转的世界

相对于整数世界，分数世界是完全倒转过来的。有时候你要做的事跟你过去想的是相反的，比如做分数除法时。

假设你有一个大蛋糕的$\frac{3}{5}$，因为蛋糕很多，你就想分一半给弟弟。

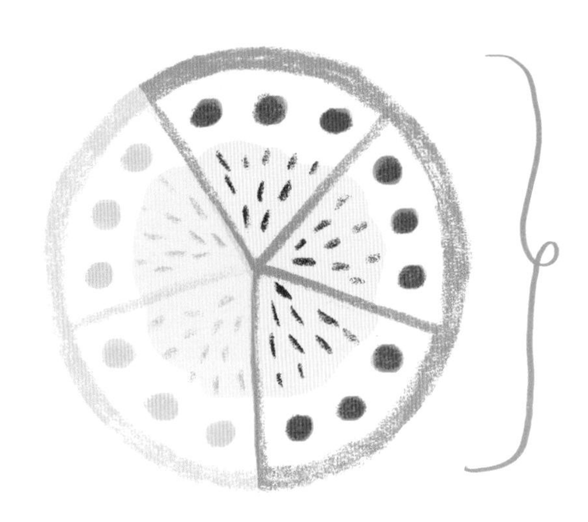

这时，你需要把每个$\frac{1}{5}$块都分成两半。

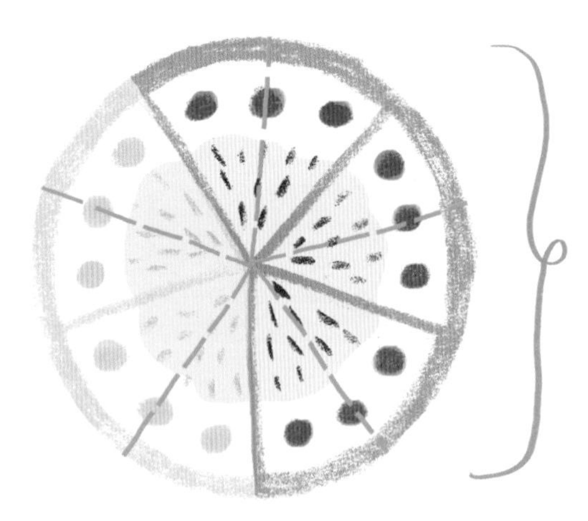

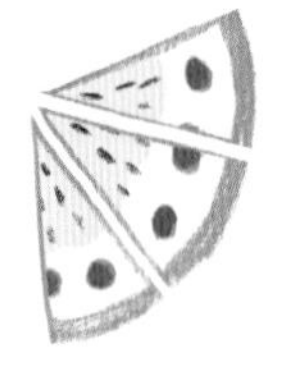

你跟弟弟一人得到$\frac{3}{10}$。所以，要把一个分数分成两半（即除以 2），你需要把分母乘以 2！

$$\frac{3}{5}\div 2=\frac{3}{10}$$

分数的世界是倒转过来的。我把这件事告诉了老师，她又引导我发现了另外一件奇怪的事，是关于分数乘法的。

是这样的：假如你有一个分数，比如说一个苹果的$\frac{1}{4}$，

你想把它乘以 2。

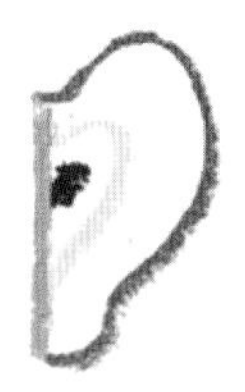

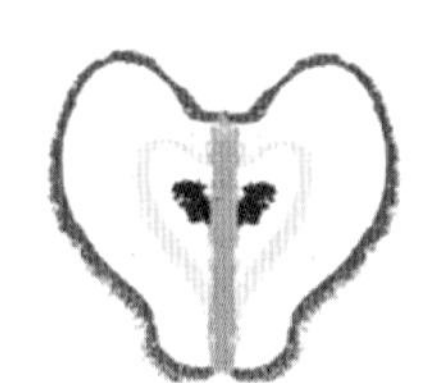

把 2 个$\frac{1}{4}$块苹果放在一起，你就得到了半个苹果，

$$\frac{1}{4}\times 2=\frac{1}{2}$$

这时你就会发现，在把分数$\frac{1}{4}$乘以 2 的时候，其实是把分母除以了 2。这些发生在分数上的事真是太神奇了！

百分数和计算器

牛仔裤
48.96 欧元
优惠 13%
超级电脑
621 欧元
-23%
仅限今日！
出行，就选择我们！
机票
+旅馆 → 红海 → 完美的5天
832欧元
-35%
有效期至7月底！

如果你不想绞尽脑汁地计算，或者要计算的数特别复杂，而你手边正好有一个计算器，我建议用它来计算，但要注意：可要按准了哟！

比如，计算 4250 的 37%（这的确很复杂），你可以这样做：

输入 4250 后按乘号键，再输入 37 和 % 符号键，最后按下等号键。

一眨眼的工夫，你就可以得到正确答案，而不用算得头晕眼花啦！

小诀窍

这个诀窍真的非常巧妙，是索菲娅想出来的，她告诉了全班同学。假如你想买一辆 395 欧元的自行车，而它的折扣率是 35%。你并不需要先计算折扣是多少欧元，再用总价减去它。你只要拿出计算器，直接计算 395 的 65% 就可以了。因为所有人都知道，减去 35%，你要付的就是剩下的 65%。

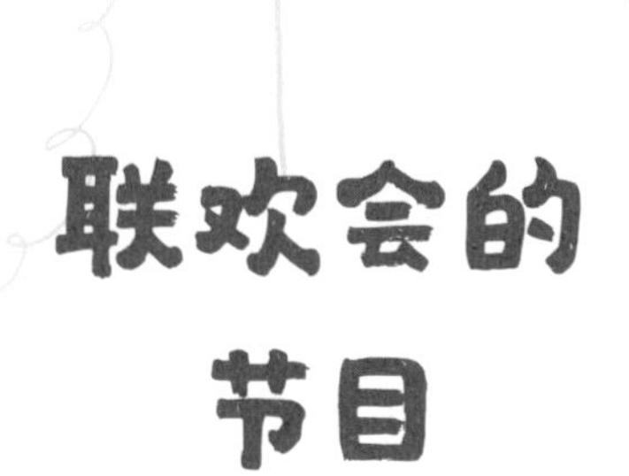

联欢会的节目

我们在学校联欢会上表演的节目特别棒，比低年级的有意思多了——他们只唱了一首歌，表演了一段舞蹈。我们表演得非常开心。穿着小丑服坐在大巴上时，我们就已经逗笑了很多人，有几个先生还鼓掌来着。后来，马尔科因为穿着哥哥的大鞋不太会走路，自己摔到了地上，接着马蒂亚也摔在他身上——完全不是故意的！他们是真的摔倒了，还划了几个口子，可所有人都在笑……

回来时大家都累得够呛，老师就让我们趴在课桌上休息，还把遮阳板放了下来。大卫很快睡熟了，但是当食堂开饭的铃声响起来时，他跑得简直比光还快。

下午，我们正常上课。不过学的东西很简单。

其实我早就知道了，数字里可以加上小数点，而在小数点右边的各个位置，从左至右依次为十分位、百分位、千分位……

那些十分位、百分位、千分位上的数，其实都可以用分数来表示，比如：

$\frac{3}{10}$　　　$\frac{7}{100}$　　　$\frac{5}{1000}$

所以，可以用带有小数点的数字来代替分数，我们管它叫小数（这个我也是去年知道的）。

所以：

如果一个东西长 2 又 $\frac{3}{10}$ 米，意思就是它长——

2.3 米；

如果一个东西长 2 又 $\frac{3}{10}$ 加 $\frac{7}{100}$ 米，意思就是它长——

2.37 米；

如果一个东西长 2 又 $\frac{3}{10}$ 加 $\frac{7}{100}$ 加 $\frac{5}{1000}$ 米，意思就是它长——

2.375 米。

2.375 米，就是 2 米 3 分米 7 厘米 5 毫米（1 毫米特别特别短，需要努力去看才能看得清）。

百分之百

100% 就是 1，为了更好地解释它，我要讲一讲昨天发生的事。

我买圣诞礼物的钱就剩 20 欧元了，幸运的是，奶奶来了，又给了我 20 欧元。我想，这真是太好了，我的存款一下子就增加了 100%。

下午，我跟妈妈一起出去。我给弟弟买了一个乐高玩具做生日礼物，又给自己买了个小汽车，正正好好花了 40 欧元。这样，我就花掉了我储蓄的 100%。

（如果你弄懂了百分数，就可以像电视新闻里的播音员一样说话了。）

小诀窍

如果一辆自行车的价格是 395 欧元，还要缴 20% 的税，意思是你必须要先算出这个 20% 是多少钱，然后再把它加在 395 上，才是你买这辆自行车所要掏的钱数。这并不简单，但一旦你明白了我现在要告诉你的这件事，你就可以省去一个步骤。你需要这样做：拿起计算器，直接算出 395 的 120%。没错，120% 正是 100%（自行车的价格 395 欧元）和 20%（税金）的和。

（记得让他们给你打折，因为我觉得这个价格有点贵。我买的自行车可比这个便宜多了。）

五分钟游戏时间

今天，我跟马尔科发现了一件特别棒的事：如果你想赢“看谁先说10”这个游戏，就必须要先说出7(这个我们已经知道了)。但是要先说出7，就必须要先说出4！这就是我们的新发现！这样一来，接下来如果你的小伙伴说5，你加2就能得到7；如果他说6，你加1也能得到7。

现在是点心时间，我还要想想看用什么方法才能先说出4。

在学校的最后一天

上学时，你得忘记自由快乐的生活，因为你必须要早起，必须要做作业，你还可能会跟同学吵架，或者因为做了不该做的事被老师训，要等到课间才能吃点心……还有很多其他不好的事情，不过我现在想不起来了。但是这学期我们过得还挺开心的，因

为我们做了一些真的非常巧妙的科学实验，比如让水流变得像喷泉那样；我们甚至还写了一本短篇小说集，打印了出来，装订得就像真正的书一样。而最棒的是，这学期的最后一天，我们发明了一个数学游戏，而且想在学校的圣诞市场上卖掉它。大家一致决定，要用挣来的钱买一个滑梯放在花园里。我们想把花园装扮成月光游乐园！

还不止如此。这学期里，我们跟着老师做了很多别的游戏，她还讲了很多好听的冒险故事，就像她曾经保证的那样。每当她做出保证，她总是会遵守承诺（就跟罗宾汉一样）。

忆

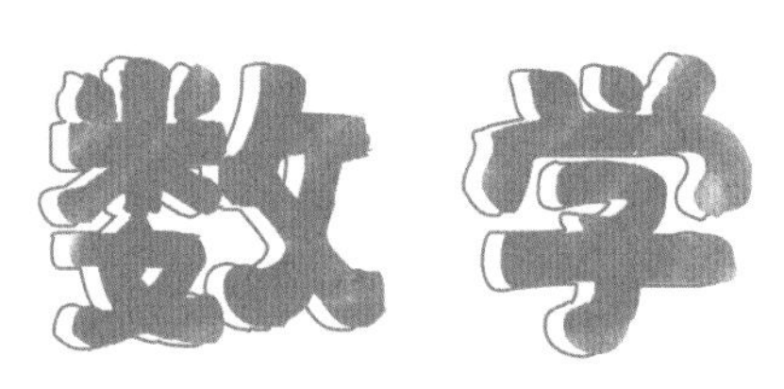

说明见下页!

“记忆数学”游戏

这个游戏的名字是马蒂亚取的，他特别善于取名。一开始，他想叫“我想，我赢”，但我们更喜欢叫它“记忆数学”，因为做这个游戏要用两张卡片配对，就跟做记忆游戏一个样儿！

要玩“记忆数学”游戏，第一件要做的事，是把卡片剪下来，再按照颜色分成两摞。你可以问问朋友想不想一起玩。

朋友愿意的话，你们俩就各拿一摞卡片。拿橘黄色卡片的先抽出一张放在桌上，另一个要阅读卡片上写的内容，并从手上的卡片里找到对应的数学算式。

如果他找对了，就能同时赢得这两张卡片，反之就是先出的赢走（要注意检查一下找到的对应卡片是否正确，可与第116—119页的答案对照一下）。

最后，数一数两个人手里的卡片，谁卡片多谁就是赢家。然后，两个人交换手里的卡片，再开始下一轮。如果你喜欢这样玩，可以和小伙伴们继续制作其他的卡片，多少张都可以——还可以叫上姐姐帮忙哟！

我和马尔科又另做了两套卡片，是关于百分数的——它们真的很难。

我要
做算术
记忆
数学

我要
做算术
记忆
数学

我要
做算术
记忆
数学

我要
做算术
记忆
数学

我要
做算术
记忆
数学

我要
做算术
记忆
数学

18 加 6	9 减 7
9 乘以 7	18 除以 6
5 比 15	15 比 5

我要
做算术
记忆
数学

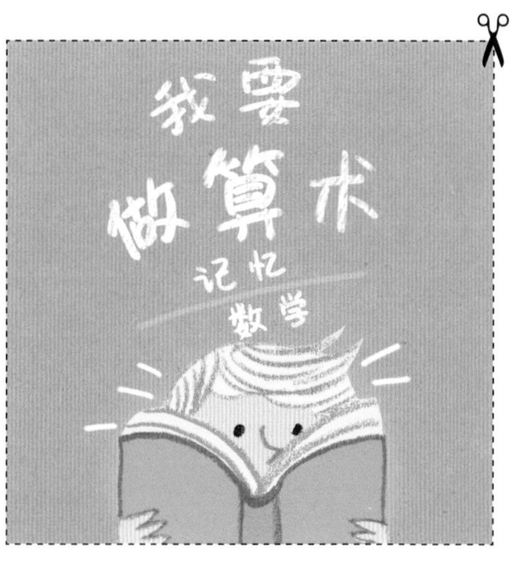
我要
做算术
记忆
数学

我要
做算术
记忆
数学

我要
做算术
记忆
数学

我要
做算术
记忆
数学

我要
做算术
记忆
数学

4 之前的数字
加 9 之后
的数字

7 的 2 倍加 4

18 的一半减 3

16 减 10 的
差的一半

2 加 4 的和
再乘以 3

4 的 2 倍加 3

我要
做算术
记忆
数学

我要
做算术
记忆
数学

我要
做算术
记忆
数学

我要
做算术
记忆
数学

我要
做算术
记忆
数学

我要
做算术
记忆
数学

5 的 2 倍
减 10 的一半

6 的 3 倍加
7 的 2 倍

20 的一半的一半

12 的 $\frac{3}{4}$

12 的 $\frac{4}{3}$

60 的 25%

我要
做算术
记忆
数学

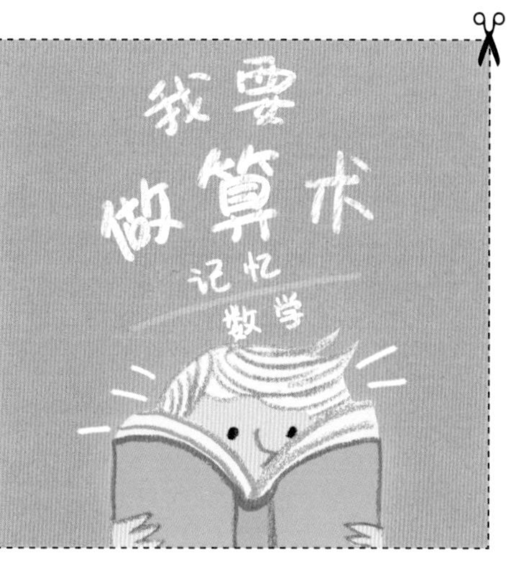
我要
做算术
记忆
数学

我要
做算术
记忆
数学

我要
做算术
记忆
数学

我要
做算术
记忆
数学

我要
做算术
记忆
数学

85 的 10%

120 的 15%

150 的 90%

400 的 110%

34 的 60%

400 的 11%

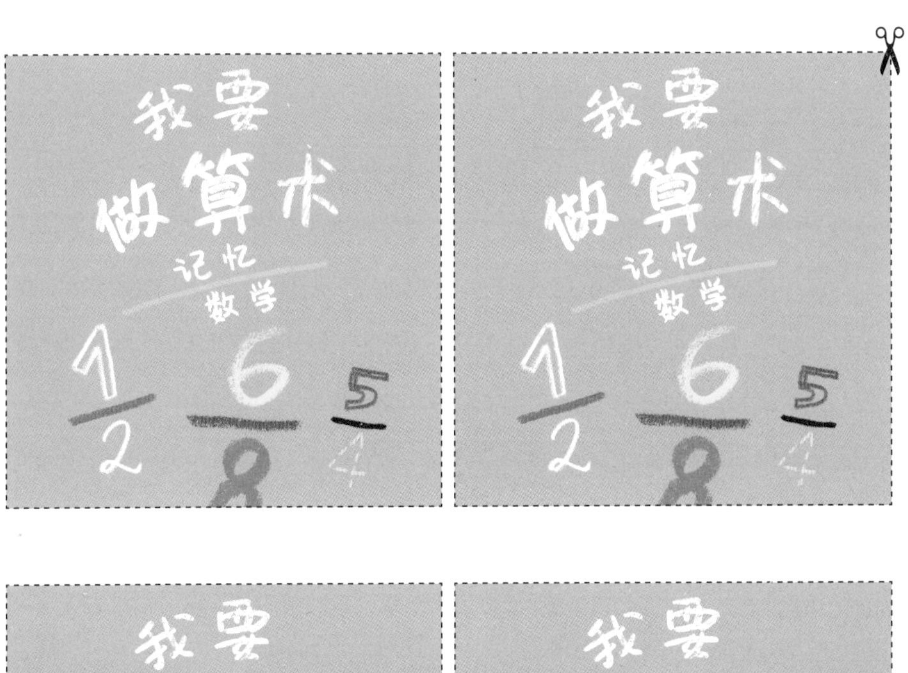

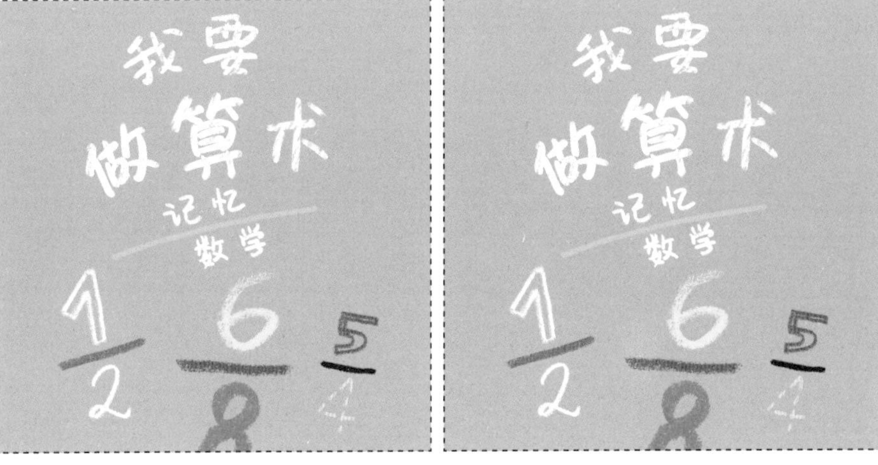

我要
做算术
记忆
数学
1
2
6
8
5
4
我要
做算术
记忆
数学
1
2
6
8
5
4

$18 + 6$
$9 - 7$
9×7
$18 \div 6$
$\frac{5}{15}$
$\frac{15}{5}$

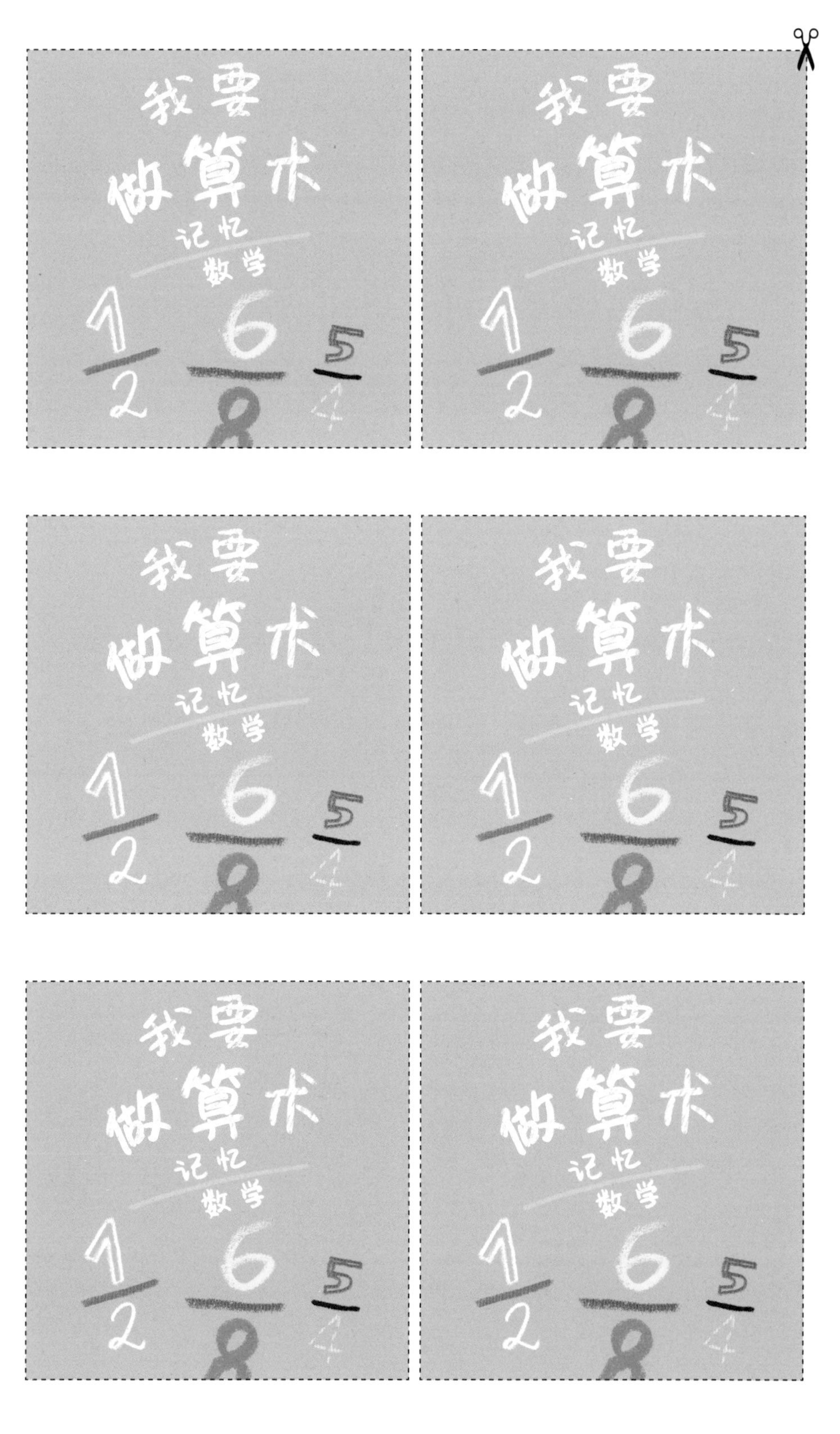
我要
做算术
记忆
数学

$3 + 10$	$2 \times 7 + 4$
$18 \div 2 - 3$	$(16 - 10) \div 2$
$(2 + 4) \times 3$	$2 \times 4 + 3$

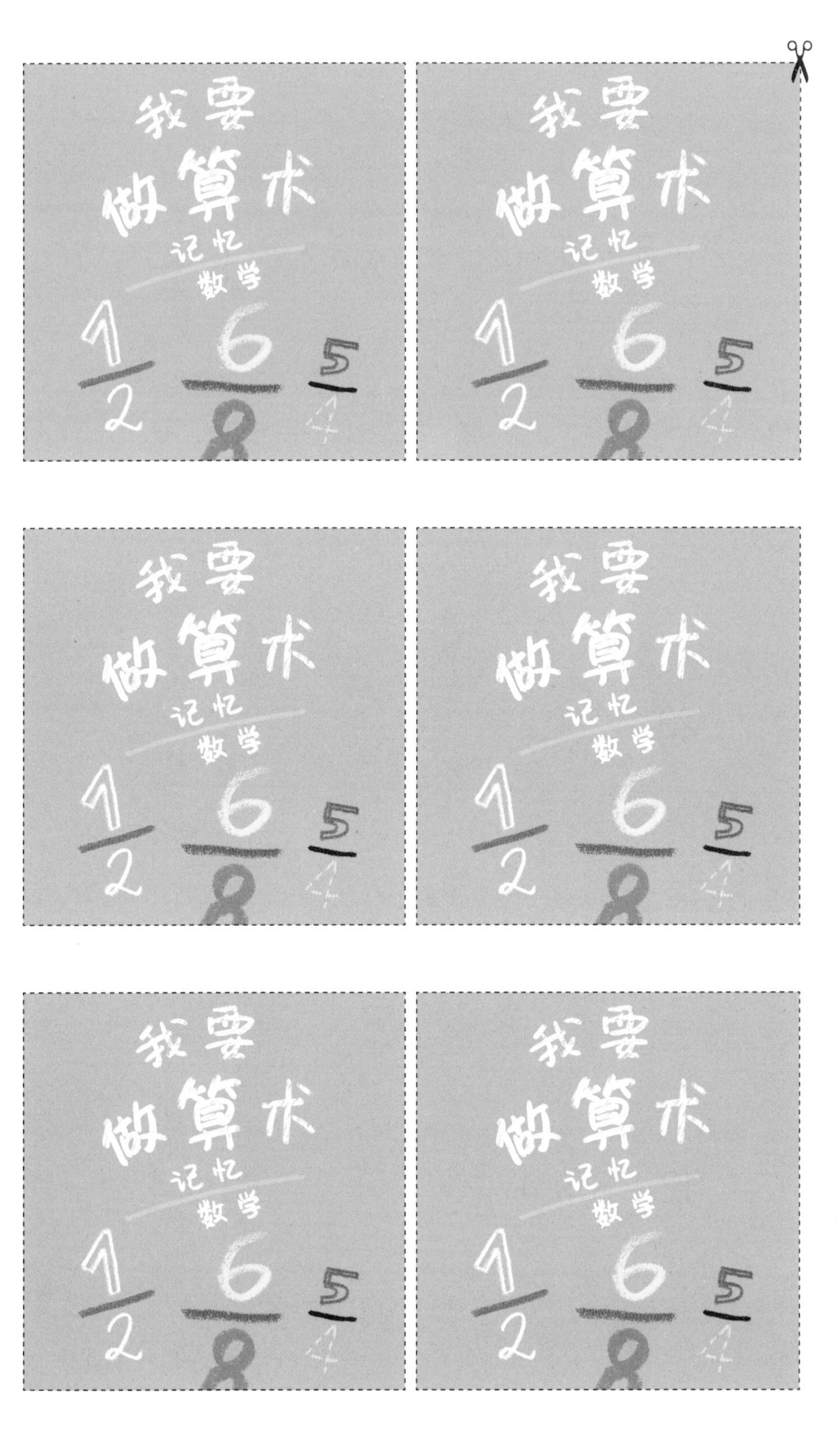
我要
做算术
记忆
数学
1
2
6
8
5
4
我要
做算术
记忆
数学
1
2
6
8
5
4
我要
做算术
记忆
数学
1
2
6
8
5
4
我要
做算术
记忆
数学
1
2
6
8
5
4
我要
做算术
记忆
数学
1
2
6
8
5
4
我要
做算术
记忆
数学
1
2
6
8
5
4

$2 \times 5 - 10 \div 2$

$3 \times 6 + 2 \times 7$

$20 \div 2 \div 2$

$12 \div 4 \times 3$

$12 \div 3 \times 4$

$60 \div 4$

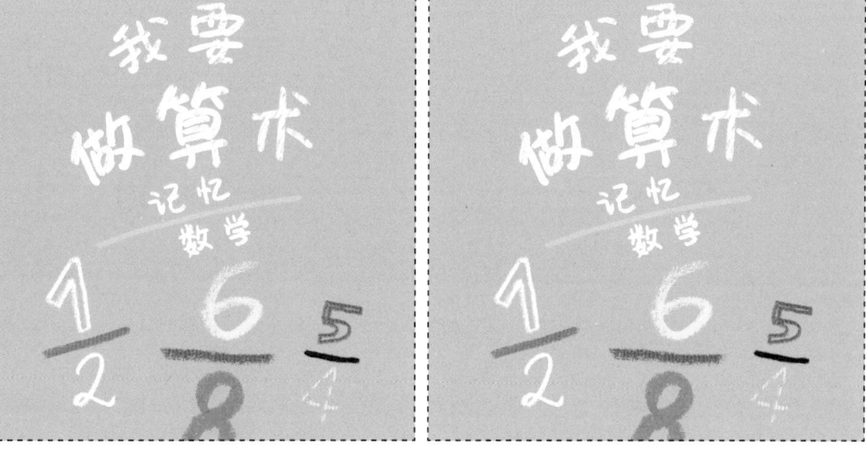

我要
做算术
记忆
数学
我要
做算术
记忆
数学

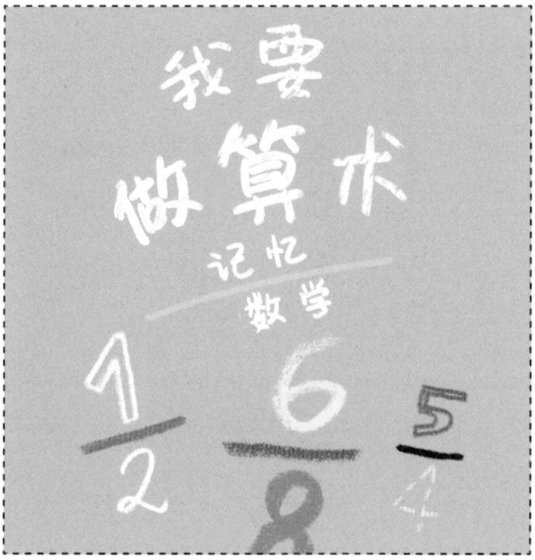

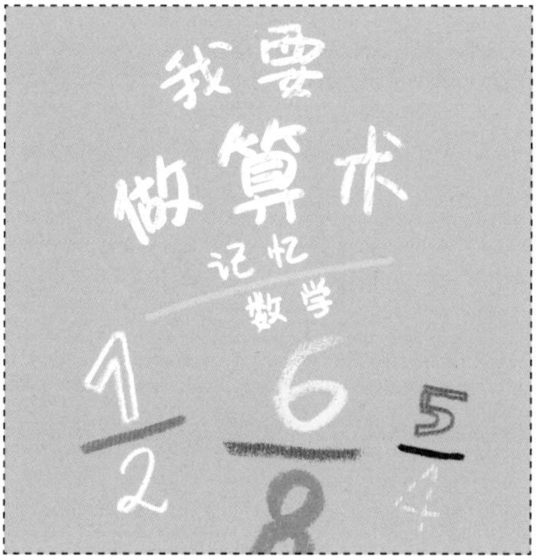

$85 \div 10$	$12 + 6$
$150 - 15$	$400 + 40$
$17 + 3.4$	$40 + 4$

答案

在

这里

文字描述

18 加 6

9 减 7

9 乘以 7

18 除以 6

5 比 15

15 比 5

4 之前的数字加 9 之后的数字

7 的 2 倍加 4

18 的一半减 3

16 减 10 的差的一半

2 加 4 的和再乘以 3

4 的 2 倍加 3

数学算式	结果
$18+6$	24
$9-7$	2
9×7	63
$18\div 6$	3
$\frac{5}{15}$	$\frac{1}{3}$
$\frac{15}{5}$	3
$3+10$	13
$2\times 7+4$	18
$18\div 2-3$	6
$(16-10)\div 2$	3
$(2+4)\times 3$	18
$2\times 4+3$	11

文字描述

5 的 2 倍减 10 的一半

6 的 3 倍加 7 的 2 倍

20 的一半的一半

12 的 $\frac{3}{4}$

12 的 $\frac{4}{3}$

60 的 25%

85 的 10%

120 的 15%

150 的 90%

400 的 110%

34 的 60%

400 的 11%

数学算式	结果
$2 \times 5 - 10 \div 2$	5
$3 \times 6 + 2 \times 7$	32
$20 \div 2 \div 2$	5
$12 \div 4 \times 3$	9
$12 \div 3 \times 4$	16
$60 \div 4$	15
$85 \div 10$	8.5
$12 + 6$	18
$150 - 15$	135
$400 + 40$	440
$17 + 3.4$	20.4
$40 + 4$	44